JN040807

実用数学技能検定® 数検

算数検定

級

公益財団法人 日本数学検定協会

まえがき

このたびは，算数検定にご興味をお示しくださりありがとうございます。高学年のお子さま用として手に取っていただいた方が多いのではないでしょうか。

さて，ちょっとした作業を２つしていただきたいのですがよろしいでしょうか。

１つめとして，新聞を用意してください。そして，記事のなかにある“〇〇率”や“昨年の〇倍”，“〇〇%”などの割合に関することばや数値に線を引いてもらいたいのです。いくつのワードを見つけることができたでしょうか？

私たちが，実際に，ある新聞の２面と３面で探してみたところ，２面では 27 ワード，3 面では 32 ワードという結果になりました。

学校では NIE（Newspaper in Education）活動として新聞を活用した教育が行われています。記事の本質を理解するうえで算数力を身につけておくことはたいへん重要です。

２つめとして，お菓子の袋にある栄養成分表示を見てみてください。成分表示が１袋あたりになっているものもあれば，100g あたりのものなどもあります。100g あたりの場合，実際の内容量を確認して計算しなければ１袋分の成分量はわかりません。たとえば，スナック菓子はカロリーが気になるところですが，大きな袋１袋を全部食べてしまったときのカロリーは，場合によっては袋に表示されている数字の２倍以上になっている可能性もあり，注意が必要です。

このように，算数力を身につけておくと，実生活において正確にものごとを把握することができたり，安全な生活の一助にすることができたりと，とても便利です。反対に，身につけていなければ抽象的な場面を具体的な場面でイメージすることができません。これからの社会で重要といわれている，具体と抽象の行き来が必要なデータ分析の仕事において，苦労することになるかもしれません。

そのほかにも算数検定６～８級で扱われる単元は探究する力のベースになっていきます。さまざまな課題に向き合うための基礎訓練として，算数検定の活用をご検討ください。

公益財団法人 日本数学検定協会

目次

この本の使い方

この本は，親子で取り組むことができる問題集です。基本事項の説明，例題，練習問題の３ステップが４ページ単位で構成されているので，無理なく少しずつ進めることができます。おうちの方へ向けた役立つ情報も載せています。キャラクターたちのコメントも読みながら，楽しく学習しましょう。

1 基本事項の説明を読む

単元ごとにポイントをわかりやすく説明しています。

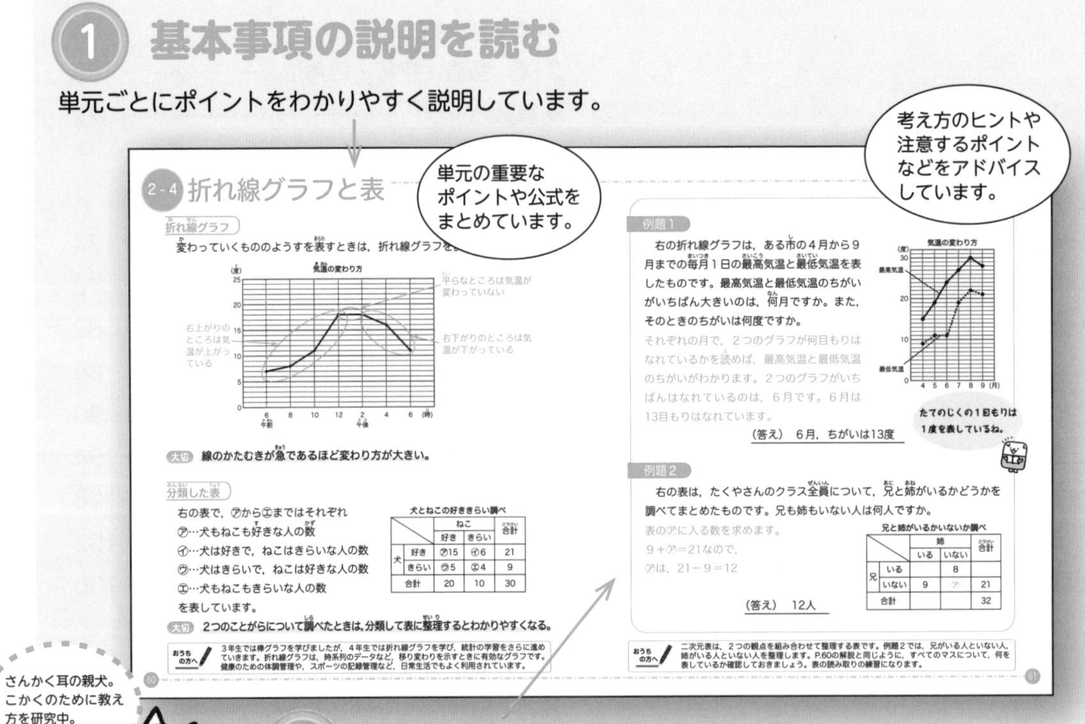

2-4 折れ線グラフと表

折れ線グラフ

変わっていくもののようすを表すときは，折れ線グラフを

気温の変わり方

平らなところは気温が変わっていない

右上がりのところは気温が上がっている

右下がりのところは気温が下がっている

大切　線のかたむきが急であるほど変わり方が大きい。

分類した表

右の表で，㋐から㋓まではそれぞれ
㋐…犬もねこも好きな人の数
㋑…犬は好きで，ねこはきらいな人の数
㋒…犬はきらいで，ねこは好きな人の数
㋓…犬もねこもきらいな人の数
を表しています。

犬とねこの好ききらい調べ

		ねこ		合計
		好き	きらい	
犬	好き	㋐15	㋑6	21
	きらい	㋒5	㋓4	9
合計		20	10	30

大切　2つのことがらについて調べたときは，分類して表に整理するとわかりやすくなる。

おうちの方へ　3年生では棒グラフを学びましたが，4年生では折れ線グラフを学び，統計の学習をさらに進めていきます。折れ線グラフは，時系列のデータなど，移り変わりを示すときに有効なグラフです。健康のための体調管理や，スポーツの記録管理など，日常生活でもよく利用されています。

60

例題１

右の折れ線グラフは，ある市の４月から９月までの毎月１日の最高気温と最低気温を表したものです。最高気温と最低気温のちがいがいちばん大きいのは，何月ですか。また，そのときのちがいは何度ですか。

それぞれの月で，２つのグラフが何目もりはなれているかを読めば，最高気温と最低気温のちがいがわかります。２つのグラフがいちばんはなれているのは，６月です。６月は13目もりはなれています。

（答え）　6月，ちがいは13度

気温の変わり方

たてのじくの１目もりは１度を表しているね。

例題２

右の表は，たくやさんのクラス全員について，兄と姉がいるかどうかを調べてまとめたものです。兄も姉もいない人は何人ですか。

表の㋐に入る数を求めます。
９＋㋐＝21なので，
㋐は，21－９＝12

（答え）　12人

兄と姉がいるかいないか調べ

		姉		合計
		いる	いない	
兄	いる		8	
	いない	9	㋐	21
合計				32

おうちの方へ　二次元表は，２つの観点を組み合わせて整理する表です。例題２では，兄がいる人といない人，姉がいる人といない人を整理します。P.60の解説と同じように，すべてのマスについて，何を表しているか確認しておきましょう。表の読み取りの練習になります。

61

2 例題を使って理解を確かめる

基本事項の説明で理解した内容を，例題を使って確認しましょう。
キャラクターのコメントを読みながら学べます。

各単元で学んだことを定着させるための，練習問題です。

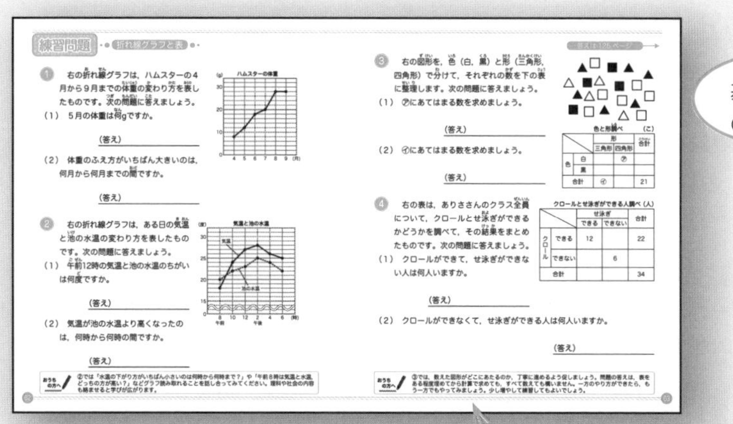

		形		合計
		三角形	四角形	
色	白		㋐	
	黒			
合計		㋑		21

		せ泳ぎ		合計
		できる	できない	
クロール	できる	12		22
	できない		6	
合計				34

4 おうちの方に向けた情報

教えるためのポイントなど，役立つ情報がたくさん載っています。

5 算数パーク

算数をより楽しんでいただくために，計算めいろや数遊びなどの問題をのせています。親子でチャレンジしてみましょう。

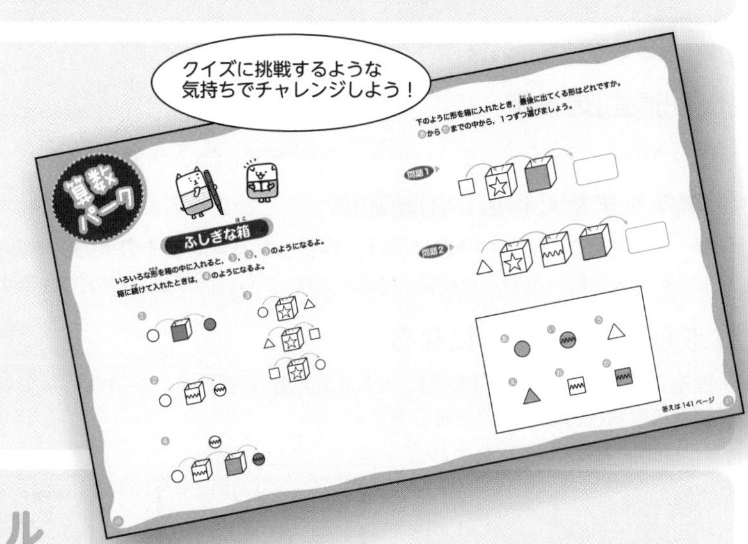

6 別冊ミニドリル

計算を中心とした問題を４回分収録しています。解答用紙がついているので，算数検定受検の練習にもなります。

検定概要

「実用数学技能検定」とは

「実用数学技能検定」（後援＝文部科学省。対象：1 ～ 11 級）は，数学・算数の実用的な技能（計算・作図・表現・測定・整理・統計・証明）を測る「記述式」の検定で，公益財団法人日本数学検定協会が実施している全国レベルの実力・絶対評価システムです。

検定階級

1 級，準 1 級，2 級，準 2 級，3 級，4 級，5 級，6 級，7 級，8 級，9 級，10 級，11 級，かず・かたち検定のゴールドスター，シルバースターがあります。おもに，数学領域である 1 級から 5 級までを「数学検定」と呼び，算数領域である 6 級から 11 級，かず・かたち検定までを「算数検定」と呼びます。

1 次：計算技能検定／ 2 次：数理技能検定

数学検定（1 ～ 5 級）には，計算技能を測る「1 次：計算技能検定」と数理応用技能を測る「2 次：数理技能検定」があります。算数検定（6 ～ 11 級，かず・かたち検定）には，1 次・2 次の区分はありません。

「実用数学技能検定」の特長とメリット

①「記述式」の検定

解答を記述することで，答えに至る過程や結果について理解しているかどうかをみることができます。

②学年をまたぐ幅広い出題範囲

準 1 級から 10 級までの出題範囲は，目安となる学年とその下の学年の 2 学年分または 3 学年分にわたります。1 年前，2 年前に学習した内容の理解についても確認することができます。

③取り組みがかたちになる

検定合格者には「合格証」を発行します。算数検定では，合格点に満たない場合でも，「未来期待証」を発行し，算数の学習への取り組みを証します。

合格証

未来期待証

受検方法

受検方法によって，検定日や検定料，受検できる階級や申込方法などが異なります。
くわしくは公式サイトでご確認ください。

個人受検

日曜日に年 3 回実施する個人受検 A 日程と，土曜日に実施する個人受検 B 日程があります。
個人受検 B 日程で実施する検定回や階級は，会場ごとに異なります。

団体受検

団体受検とは，学校や学習塾などで受検する方法です。団体が選択した検定日に実施されます。
くわしくは学校や学習塾にお問い合わせください。

検定日当日の持ち物

持ち物 ＼ 階級	1～5級		6～8級	9～11級	かず・かたち検定
	1次	2次			
受検証(写真貼付)[※1]	必須	必須	必須	必須	
鉛筆またはシャープペンシル(黒の HB・B・2B)	必須	必須	必須	必須	必須
消しゴム	必須	必須	必須	必須	必須
ものさし(定規)		必須	必須	必須	
コンパス		必須	必須		
分度器			必須		
電卓(算盤)[※2]		使用可			

※1　団体受検では受検証は発行・送付されません。
※2　使用できる電卓の種類　○一般的な電卓　○関数電卓　○グラフ電卓
　　通信機能や印刷機能をもつもの，携帯電話・スマートフォン・電子辞書・パソコンなどの電卓機能は使用できません。

階級の構成

	階級	構成	検定時間	出題数	合格基準	目安となる学年
数学検定	1級	1次：計算技能検定 2次：数理技能検定 があります。 はじめて受検するときは1次・2次両方を受検します。	1次：60分 2次：120分	1次：7問 2次：2題必須・5題より2題選択	1次：全問題の70%程度 2次：全問題の60%程度	大学程度・一般
	準1級					高校3年程度 (数学Ⅲ・数学C程度)
	2級		1次：50分 2次：90分	1次：15問 2次：2題必須・5題より3題選択		高校2年程度 (数学Ⅱ・数学B程度)
	準2級			1次：15問 2次：10問		高校1年程度 (数学Ⅰ・数学A程度)
	3級		1次：50分 2次：60分	1次：30問 2次：20問		中学校3年程度
	4級					中学校2年程度
	5級					中学校1年程度
算数検定	6級	1次／2次の区分はありません。	50分	30問	全問題の70%程度	小学校6年程度
	7級					小学校5年程度
	8級					小学校4年程度
	9級		40分	20問		小学校3年程度
	10級					小学校2年程度
	11級					小学校1年程度
かず・かたち検定	ゴールドスター			15問	10問	幼児
	シルバースター					

8級の検定基準(抄)

検定の内容	技能の概要	目安となる学年
整数の四則混合計算，小数・同分母の分数の加減，概数の理解，長方形・正方形の面積，基本的な立体図形の理解，角の大きさ，平行・垂直の理解，平行四辺形・ひし形・台形の理解，表と折れ線グラフ，伴って変わる２つの数量の関係の理解，そろばんの使い方 など	**身近な生活に役立つ算数技能** ①都道府県人口の比較ができる。 ②部屋，家の広さを算出することができる。 ③単位あたりの料金から代金が計算できる。	小学校 ４年 程度
整数の表し方，整数の加減，２けたの数をかけるかけ算，１けたの数でわるわり算，小数・分数の意味と表し方，小数・分数の加減，長さ・重さ・時間の単位と計算，時刻の理解，円と球の理解，二等辺三角形・正三角形の理解，数量の関係を表す式，表や棒グラフの理解 など	**身近な生活に役立つ基礎的な算数技能** ①色紙などを，計算して同じ数に分けることができる。 ②調べたことを表や棒グラフにまとめることができる。 ③体重を単位を使って比較できる。	小学校 ３年 程度

8級の検定内容の構造

小学校４年程度	小学校３年程度	特有問題
45%	45%	10%

※割合はおおよその目安です。
※検定内容の 10% にあたる問題は，実用数学技能検定特有の問題です。

問題

1-1 時こくと時間

時こくと時間の単位

1分より短い時間の単位に秒があります。1秒は，時計のいちばん速く進むはりが，1目もり進む時間です。いちばん速く進むはりが1周（60目もり）進むと，1分です。

1時30分5秒

大切 **時間の単位は，時間，分，秒。**
1日＝24時間，1時間＝60分，1分＝60秒。

時間の計算

9時45分から35分たった時こくを求めます。
9時45分から10時までの時間は15分です。
35－15＝20なので，
10時から20分たった時こくは，10時20分です。
9時45分から35分たった時こくは，
10時20分です。

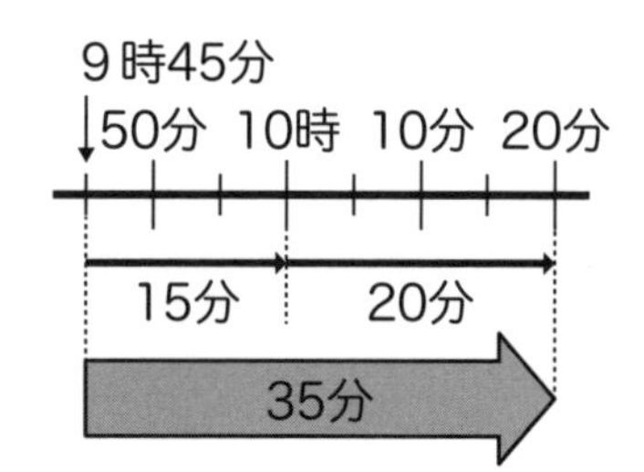

2時25分から3時10分までの時間を求めます。
2時25分から3時までの時間は35分です。
3時から3時10分までの時間は10分です。
35＋10＝45なので，
2時25分から3時10分までの時間は，45分です。

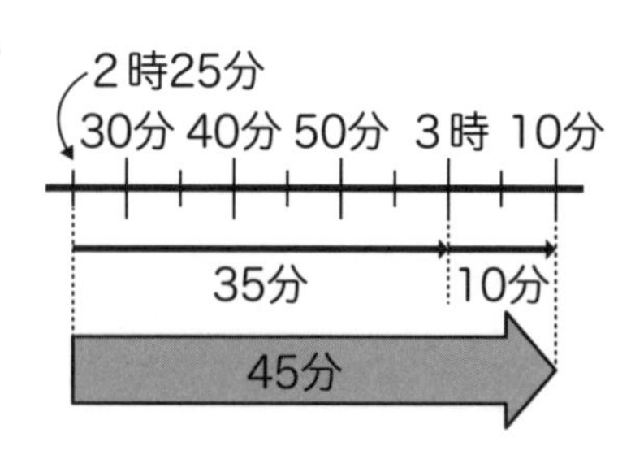

大切 **時こくや時間の計算は，ちょうどの時こくや時間で分けて計算する。**

3年生では時間の単位として秒を学習します。可能であれば，秒針のあるアナログ時計を準備して，秒針と長針の動きの関係を伝えましょう。1秒を示す点滅機能がついたデジタル時計もあります。点滅を数えながら，60秒で1分となることを確認できるとよいでしょう。

例題１

次の□にあてはまる数を答えましょう。

（１）　２分30秒＝□秒

（２）　115秒＝□分□秒

（１）　１分＝60秒なので，２分は，60＋60＝120で，120秒です。
２分30秒は，120＋30＝150で，150秒です。（答え）　150

（２）　60秒＝１分なので，115秒から60秒をひきます。
115－60＝55なので，115秒は１分55秒です。（答え）　１，55

例題２

たけるさんは，午前10時50分から午後１時45分まで公園にいました。たけるさんが公園にいた時間は何時間何分ですか。

午前10時50分から午前11時までの時間は10分，午前11時から午後１時までの時間は２時間，午後１時から午後１時45分までの時間は45分です。

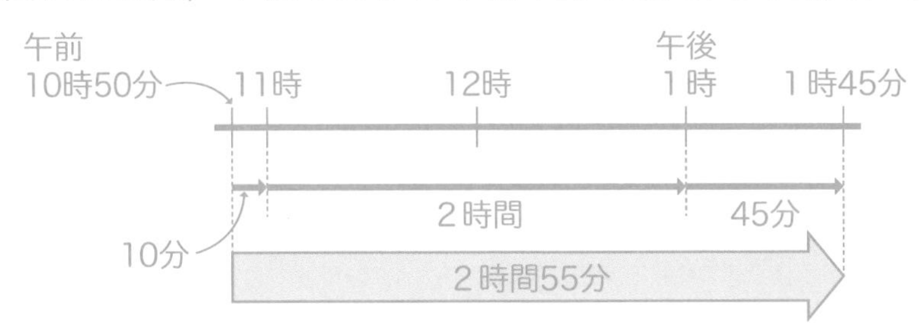

３つの時間を合わせると，
10分＋２時間＋45分＝２時間55分　（答え）２時間55分

おうちの方へ　３年生では，例題２の解説のように，計算で時間や時刻を求めるようになります。午前午後をまたいで計算する問題も頻出します。午前12時と午後１時の間が１時間であることを，例題２の図などで確認してください。

練習問題 ・● 時こくと時間 ●・

1 次の□にあてはまる数を答えましょう。

（1） 1分40秒＝□秒

（答え）

（2） 95秒＝□分□秒

（答え）

（3） 3分25秒＝□秒

（答え）

（4） 175秒＝□分□秒

（答え）

2 さくらさんとみすずさんは，校庭を3周走る時間を計りました。さくらさんの記録は2分45秒，みすずさんの記録は188秒でした。どちらが何秒速く走りましたか。

（答え）

おうちの方へ この単元では，秒に関心をもつことが目標の1つです。スマートフォンなどでよいので，ストップウォッチを使った時間当て遊びをしてみてください。「誰がいちばん10秒に近い時間で止められるか勝負しよう」などと促してみましょう。秒がどのくらいの時間なのか体感できます。

答えは112ページ

3 あかりさんは，午前９時45分に遊園地に着きました。遊園地には，５時間25分いました。あかりさんが遊園地を出た時こくは午後何時何分ですか。

（答え）＿＿＿＿＿＿＿＿

4 ゆうとさんは，午前９時30分に家を出て，おじさんの家に行きました。おじさんの家には，午前10時40分に着きました。次の問題に答えましょう。

（１） ゆうとさんが家を出ておじさんの家に着くまでにかかった時間は何時間何分ですか。

（答え）＿＿＿＿＿＿＿＿

（２） ゆうとさんは，午後２時25分までおじさんの家にいました。ゆうとさんがおじさんの家にいた時間は，何時間何分ですか。

（答え）＿＿＿＿＿＿＿＿

日常生活の中では，24時間表記で時刻を示している場合も多く見られます。午前午後の概念が定着したら，「これは15時って書いてあるよ。何時のことだろう」と具体的なものを見ながら声をかけ，24時間表記読み方を一緒に考えてみましょう。

1-2 かけ算とわり算

2けたの数をかけるかけ算

2けたの数をかけるかけ算の筆算は，かける数の2けたを位ごとに分けてかけ算し，その計算の答えをずらして書き，最後に合計を計算します。

大切 **2けたの数をかける計算は筆算で計算する。**

わり算

わり算は，何人かに同じ数ずつ分けるときの1人分の数や，1人に同じ数ずつ分けるときの分ける人数を求める計算です。

1人分

24このあめを4人で同じ数ずつ分けます。
1人分の数を求める式を，わり算で表すと，

24	÷	4	=	6
全部のこ数		人数		1人分のこ数

1人分の数は6こです。

1人分　　あまり

23このあめを1人に5こずつ分けます。
分けられる人数を求める式を，わり算で表すと，

23	÷	5	=	4	あまり3
全部のこ数		1人分のこ数		人数	あまり

分けられる人数は4人で，3こあまります。

大切 **24÷4の式で，24をわられる数，4をわる数という。**

おうちの方へ
213×42の答えは，213×2と213×40をたした数です。筆算では，②の欄の852の後ろに0が隠れています。筆算をする際に，213×4の答えを十の位から書くことを忘れやすい場合は，213×2と213×40の筆算をそれぞれ書いて，筆算の構造を確認してみましょう。

例題１

あめが34こ入っているふくろが57ふくろあります。あめは全部で何こありますか。

$34 \times 57 = 1938$

34：１ふくろのあめの数　57：いくつ分　1938：全部のあめの数

```
    3 4
  × 5 7
①  2 3²8  ← ① 34×７の答え
②1 7²0    ← ② 34×５の答えを１つずらして十の位から書く
③1 9 3 8  ← ③ ①と②をたす
```

（答え）　1938こ

例題２

画用紙（がようし）が48まいあります。

（１）　６人に同じ数ずつ分けると，１人分は何まいになりますか。

（２）　１人に４まいずつ分けると，何人に分けられますか。

（１）　１人分のまい数（すう）を求めるので，分ける人数でわります。

$48 \div 6 = 8$

48：全部のまい数　6：人数　8：１人分のまい数

（答え）　８まい

（２）　分ける人数を求めるので，１人分のまい数でわります。

$48 \div 4 = 12$

48：全部のまい数　4：１人分のまい数　12：人数

（答え）　12人

おうちの方へ　わり算はかけ算の逆の計算です。たとえば，１袋５個入りのあめが６袋あるとき，全部の数は５×６のかけ算で30個と求められます。逆に，30個のあめを５個ずつ袋に入れるときの袋の数は，30÷５のわり算で６袋と求められます。かけ算とわり算の関係を確認しましょう。

練習問題 かけ算とわり算

1 次の計算をしましょう。

（1） 86×５

(答え)＿＿＿＿＿＿＿＿

（2） 74×48

(答え)＿＿＿＿＿＿＿＿

（3） 573×３

(答え)＿＿＿＿＿＿＿＿

（4） 608×20

(答え)＿＿＿＿＿＿＿＿

2 次の問題に答えましょう。

（1） まりこさんのクラスの人数は34人です。色紙を１人に14まいずつ配ります。色紙は全部で何まいいりますか。

(答え)＿＿＿＿＿＿＿＿

（2） １こ385円のケーキを35こ買います。代金は何円ですか。

(答え)＿＿＿＿＿＿＿＿

②（2）のように，２桁，３桁のかけ算は，買い物など日常生活の場面でもよく使われる算数です。同じ値段のものをいくつか買う際は，全部で何円になるか一緒に考えてみましょう。レシートをもらい，「合っているか確認しよう」と声をかけて練習してみてください。

答えは113ページ

3 次の問題に答えましょう。

（1） みかんが42こあります。同(おな)じ数(かず)ずつ７人に分(わ)けると，１人分(ぶん)は何こになりますか。

(答え)

（2） 81このボールを，１箱(はこ)に９こずつ入れます。箱は何箱いりますか。

(答え)

（3） 58mのリボンがあります。８mずつに切(き)ると，８mのリボンは何本できて，何mあまりますか。

(答え)

（4） 63さつの本を，３人で同じ数ずつ運(はこ)びます。１人何さつ運べばよいですか。

(答え)

おうちの方へ
０÷７＝０ですが７÷０は計算できません。かけ算になおしてみるとわかります。０÷７＝□とすると，□×７＝０となり，□＝０です。一方，７÷０＝□とすると，□×０＝７とならなければなりませんが，□にどのような数を入れても式が成立しません。０はわる数になりません。

1-3 たし算とひき算

筆算(ひっさん)では，たてに位(くらい)をそろえて書(か)き，一の位から位ごとに計算(けいさん)します。

364＋852の計算

	1		
	3	6	4
＋	8	5	2
1	2	1	6

一の位の計算　4＋2＝6

十の位の計算　6＋5＝11
百の位に1くり上がる

百の位の計算　1＋3＋8＝12
千の位に1くり上がる

5418－675の計算

	4	3		
	~~5~~	~~4~~	1	8
－		6	7	5
	4	7	4	3

一の位の計算　8－5＝3

十の位の計算
百の位から1くり下げて，11－7＝4

百の位の計算
千の位から1くり下げて，13－6＝7
千のくらいは4

700＋900の計算

100のまとまりで考(かんが)えると，7＋9＝16なので，100が16こで1600

700＋900＝1600

大切　たし算とひき算の筆算は，それぞれの数(かず)の位をたてにそろえて書いて，位ごとに計算する。

桁数の多い計算は，計算の回数が増えます。また，複数の桁で繰り上がりや繰り下がりが出てくることもあるので，より慎重に筆算を書く必要があります。繰り上がりや繰り下がりのメモを書くときも，何の数なのかわかるように気を付けるよう促しましょう。

例題１

3685円の米と，398円の小麦粉を１ふくろずつ買います。代金は何円ですか。

3685 ＋ 398 ＝ 4083
米の ねだん　小麦粉の ねだん　代金

くり上げた数を
わすれないように
計算しよう。

```
  1 1 1
  3 6 8 5
+   3 9 8
---------
  4 0 8 3
```

一の位の計算　5＋8＝13
十の位に１くり上がる
十の位の計算　1＋8＋9＝18
百の位に１くり上がる
百の位の計算　1＋6＋3＝10
千の位に１くり上がる
千の位の計算　1＋3＝4

（答え）　4083円

例題２

東小学校の児童の数は610人，西小学校の児童の数は482人です。ちがいは何人ですか。

610 － 482 ＝ 128
東小学校の 児童の数　西小学校の 児童の数　ちがいの数

くり下げたときは
その位の数に
「＼」をかけばよいね。

```
  5 0
  6̸ 1̸ 0
－4 8 2
-------
  1 2 8
```

一の位の計算
十の位から１くり下げて，10－2＝8
十の位の計算
百の位から１くり下げて，10－8＝2
百の位の計算　5－4＝1

（答え）　128人

計算をする前に「だいたいこのくらいの数になるかな」と見積もれるようになると，間違いが減ります。例題１では，「3700くらいと400くらいだから4100くらいかな」と見当を付けます。位をそろえずに筆算を始め，計算結果が7665となった場合でも，間違いに気付くことができます。

練習問題 ・●たし算とひき算●・

1 次の問題に答えましょう。

（1） はるかさんは，848円持っています。お母さんから475円もらいました。はるかさんの持っているお金は何円になりましたか。

（答え）＿＿＿＿＿＿＿＿

（2） 南町の人口は1937人です。北町は，南町の人口より208人多いです。北町の人口は何人ですか。

（答え）＿＿＿＿＿＿＿＿

（3） ゆうなさんは，400円のクッキーを買ったあと，持っているお金が800円になりました。ゆうなさんがはじめに持っていたお金は何円ですか。

（答え）＿＿＿＿＿＿＿＿

①（2）のような，千の位へ繰り上げる計算も少なくありません。P.20でも書いたように，筆算やメモを丁寧に書かないと計算ミスが起こります。はじめのうちは，計算用紙を準備して筆算を大きく書くように促すとよいでしょう。

答えは114ページ

② 次の問題に答えましょう。

（1） コピー用紙が945まいあります。769まい使うと，残りは何まいになりますか。

(答え) ＿＿＿＿＿＿

（2） なぎささんとお姉さんは，折り紙でつるを作りました。なぎささんは463羽作り，２人が作ったつるは合わせて1081羽になりました。お姉さんは何羽作りましたか。

(答え) ＿＿＿＿＿＿

③ たくやさんは，5000円札を１まい持って本屋へ買い物に行き，3680円の辞書と，528円の小説を１さつずつ買いました。

（1） 代金は何円ですか。

(答え) ＿＿＿＿＿＿

（2） 5000円札を１まい出すと，おつりは何円ですか。

(答え) ＿＿＿＿＿＿

③のような，お金に関する計算は，生活に算数が関わっていることを知る，よい機会でしょう。普段の買い物のときに，「これとこれを買ったらだいたい何円になる？5000円札でたりるかな？」などと声をかけてみましょう。P.21の見当を付ける練習にもなります。

1-4 ぼうグラフと表

ぼうグラフ

ぼうグラフは，ぼうの長さで，ものの大きさを表したグラフです。
右のグラフで，横は曜日を，たては学校を休んだ人数を表しています。グラフの1目もりは1人で，月曜日に学校を休んだ人は7人です。

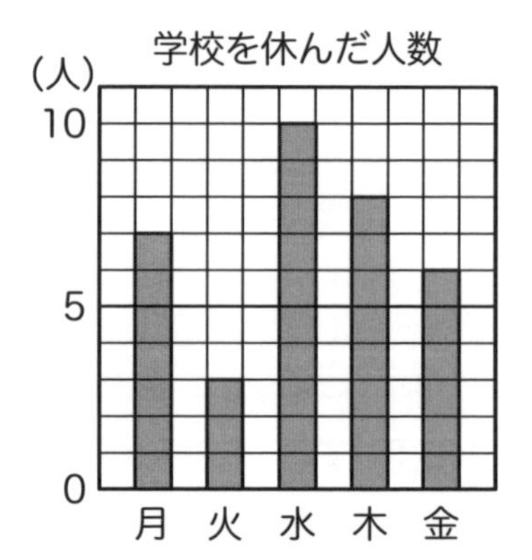

大切 **ぼうグラフにまとめると，数の多い・少ないがくらべやすくなる。**

くふうした表

同じことについて調べた表は，１つの表にまとめることができます。

好きなスポーツ（1組）

種類	人数（人）
野球	6
サッカー	10
ドッジボール	8
水泳	5
その他	4
合計	33

好きなスポーツ（2組）

種類	人数（人）
野球	9
サッカー	6
ドッジボール	11
水泳	3
その他	5
合計	34

➡

好きなスポーツ　（人）

種類＼組	1組	2組	合計
野球	6	9	15
サッカー	10	6	16
ドッジボール	8	11	19
水泳	5	3	8
その他	4	5	9
合計	33	34	67

大切 **表にまとめると，何がいくつあるかがわかりやすくなる。**

2つのことがらをならべて，合計などを表すと，全体のようすがわかるね。

２年生では，グラフは○で表現していましたが，３年生では，一般的に使われる棒グラフを学びます。また，２つ以上の表を１つにまとめた表など，統計の学習をステップアップさせていきます。それぞれの目盛りや項目が何を表しているのか，確認する習慣を付けましょう。

例題１

かえでさんは，４年生全員に好きな教科を１つずつ答えてもらい，結果をまとめました。次の問題に答えましょう。

（１） 国語が好きと答えた人は何人ですか。

（２） 算数が好きと答えた人は，理科が好きと答えた人より何人多いですか。

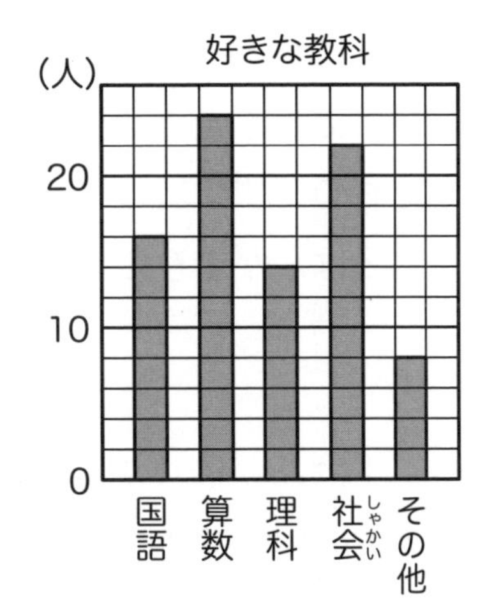

（１） グラフの１目もりは２人を表しています。国語が好きと答えた人のぼうの長さは８目もり分なので，２×８＝16

（答え） 16人

たては１目もりで何人を表しているかな。

（２） 算数が好きと答えた人のぼうの長さと，理科が好きと答えた人のぼうの長さをくらべると，算数が好きと答えた人のぼうの長さが５目もり分長いので，

２×５＝10

（答え） 10人

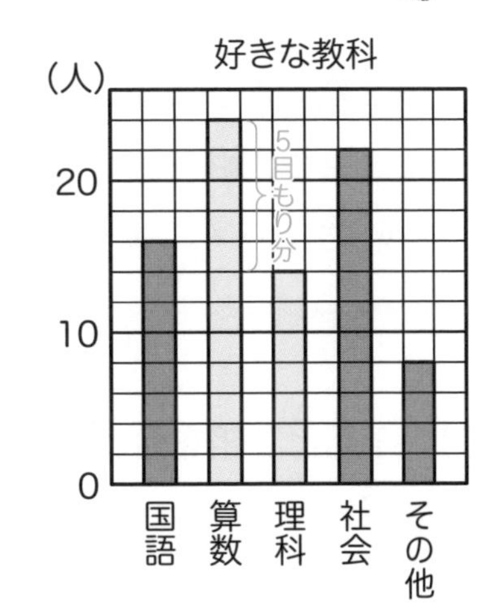

例題１は，１目もりが１以外の数であるグラフから情報を読み取る問題です。難度がやや高いですが，グラフの１目もりの大きさを確認する練習です。１目もりの大きさを１として読み取ってしまった場合は，「ここに10の目もりがあるよ」と確認を促してください。

練習問題 ぼうグラフと表

1　右のぼうグラフは，りょうさんのクラスで，6月に借りた本の数をはんごとに調べてまとめたものです。次の問題に答えましょう。

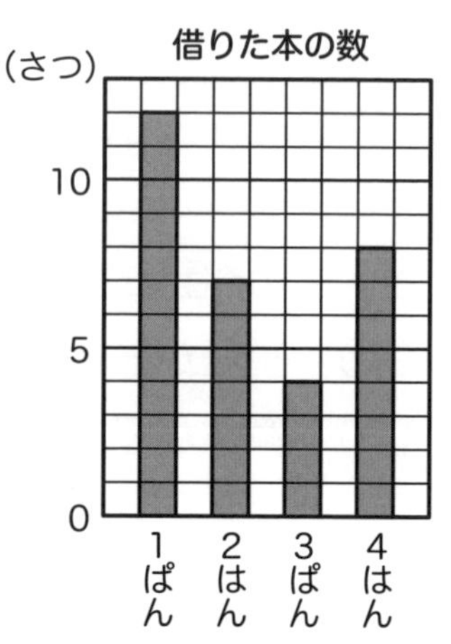

（1）　2はんが借りた本の数は何さつですか。

(答え)＿＿＿＿＿＿＿＿

（2）　1ぱんが借りた本の数は，3ぱんが借りた本の数の何倍ですか。

(答え)＿＿＿＿＿＿＿＿

2　みかさんは，4年1組と4年2組の人全員に，好きな給食のメニューを1つずつ答えてもらい，右のぼうグラフにまとめました。次の問題に答えましょう。

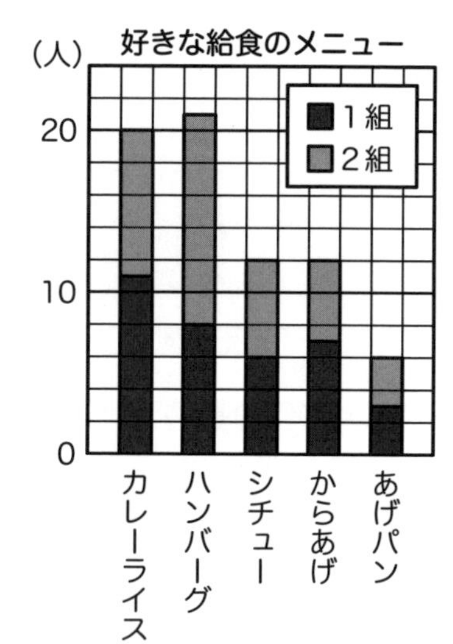

（1）　1組と2組を合わせて，好きな人がいちばん多い給食のメニューはどれですか。

(答え)＿＿＿＿＿＿＿＿

（2）　1組と2組を合わせて，からあげと答えた人は何人ですか。

(答え)＿＿＿＿＿＿＿＿

おうちの方へ
②は，1本の棒に複数のデータを積み上げた“積み上げ棒グラフ”です。2つのデータを1つのグラフで表し，全体で何がどの程度選ばれているかと，その内訳がわかりやすくなります。問題では1組と2組を合わせた数を扱っていますが，1組だけ，2組だけの数も確認しましょう。

答えは115ページ

3 下の表(ひょう)は，あやみさんの小学校の４年１組と４年２組で，10月にけがをした人数(にんずう)を調べて，場所(ばしょ)ごとにまとめたものです。

けがをした場所（１組）

場所	人数（人）
教室(きょうしつ)	8
ろう下	4
校庭(こうてい)	10
体育館(たいいくかん)	7
合計(ごうけい)	29

けがをした場所（２組）

場所	人数（人）
教室	6
ろう下	3
校庭	13
体育館	9
合計	31

あやみさんは，２つの表を，下のように１つの表にまとめています。

けがをした場所と人数　（人）

場所＼組	１組	２組	合計
教室	8	6	
ろう下	㋐		
校庭		㋑	
体育館	7		
合計			

次の問題に答えましょう。

（１）㋐にあてはまる数を答えましょう。

(答え)＿＿＿＿＿＿＿＿

（２）㋑にあてはまる数を答えましょう。

(答え)＿＿＿＿＿＿＿＿

（３）体育館でけがをした人は，１組と２組を合わせると何人ですか。

(答え)＿＿＿＿＿＿＿＿

おうちの方へ
③では，２つの表を１つにまとめています。１つにまとめるときに，どの数がどこに入るのか，㋐，㋑以外の空欄に入る数も確認しておきましょう。また，なぜ２つの表を１つにまとめるのか，話し合ってみてください。まとめると“合計”がわかることがポイントです。

1-5 円と球

円

円は，１つの点から同じ長さになるようにかいた丸い形です。
円の真ん中の点を円の中心，中心から円のまわりまで引いた直線を円の半径，円の中心を通って，まわりからまわりまで引いた直線を円の直径といいます。

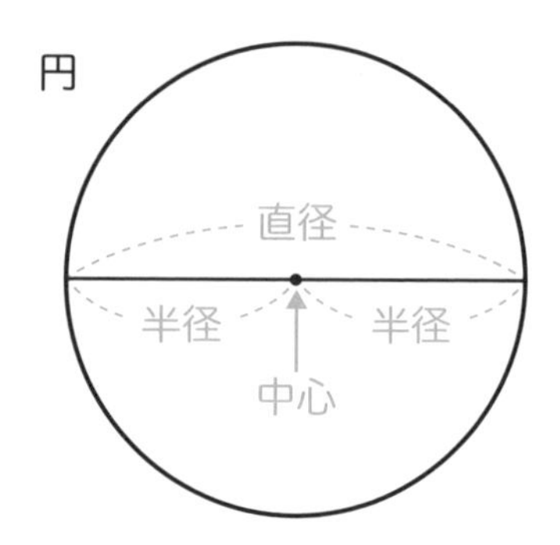

大切 **１つの円では，半径は全部同じ長さ。**
１つの円では，直径は半径の２倍の長さ。

球

球は，どこから見ても円に見える形です。
球はどこで切っても切り口が円になります。
球を半分に切ったときの円の中心，半径，直径を，球の中心，半径，直径といいます。

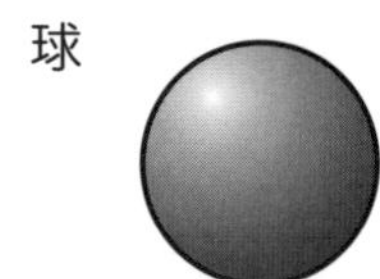

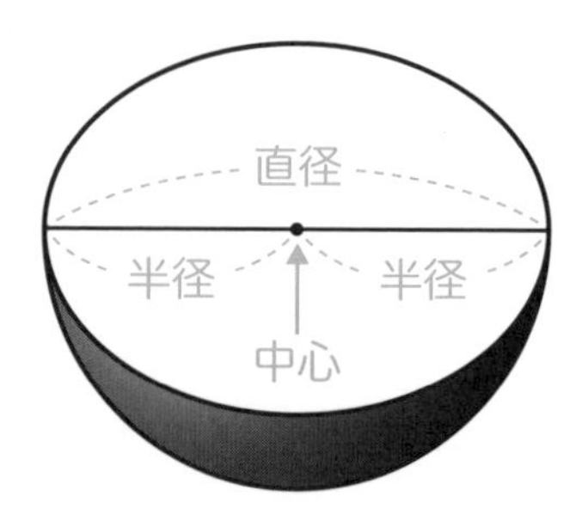

大切 **切り口の円は，球を半分に切ったときにいちばん大きくなる。**

円と球の性質は，今後の算数や数学の学習のためには不可欠な知識です。半径と直径は何本でも引くことができ，どの半径も全部同じ長さ，どの直径も全部同じ長さです。円の形の紙を用意して，直径で何度も折ってから開いてみましょう。半径，直径が何本もあることを実感できます。

例題1

右の図(ず)のように，点ウを中心とする半径10cmの円の中に，点イを中心とする円が入っています。直線アエが２つの円の中心を通ります。

（１）　点ウを中心とする円の直径は何(なん)cmですか。

（２）　点イを中心とする円の半径は何cmですか。

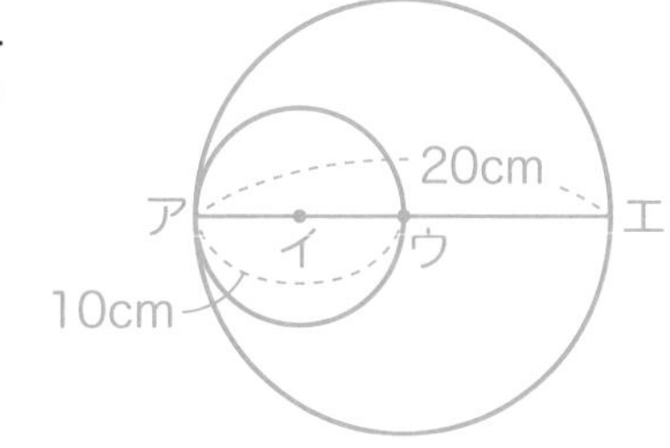

（１）　直径は半径の２倍の長さなので，

10×２＝20　　　　（答え）　20cm

（２）　点イを中心とする円の直径は，点ウを中心とする円の半径なので，10cmです。

半径は直径の半分の長さなので，

10÷2＝5

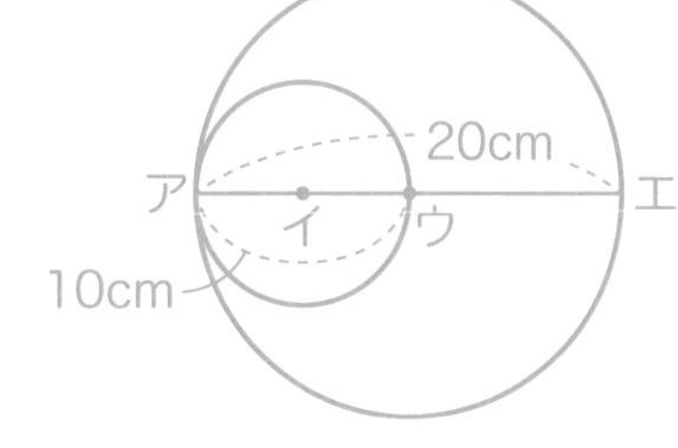

（答え）　５cm

例題2

右の図のように，つつに半径５cmの球が２こぴったり入っています。Ⓐの長さは何cmですか。

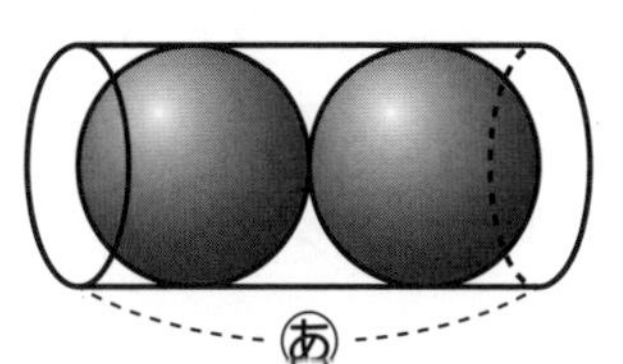

球の直径は，半径の２倍の長さなので，５×２＝10 で，10cmです。Ⓐの長さは，球の直径２こ分の長さなので，10×２＝20

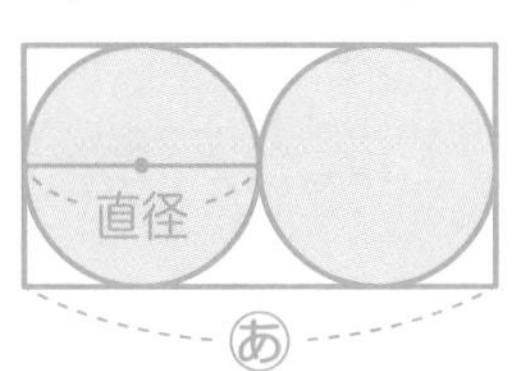

（答え）　20cm

紙面上では球の切り口が円になることや，球の中心の場所，中心を通った切り口の断面の円がもっとも大きいことを実感することは難しいかもしれません。切れるボールもなかなかないため，粘土や紙，アルミホイルなどを丸めるのは１つの方法です。教え方も模索してみましょう。

練習問題 ・● 円と球 ●・

1 右の図のように，点ウを中心とする円の中に，点イを中心とする半径４cm円と，点エを中心とする半径６cmの円がぴったり入っています。直線アオが３つの円の中心を通るとき，次の問題に答えましょう。

（１） 点エを中心とする円の直径は何cmですか。

（答え）＿＿＿＿＿＿＿＿

（２） 点ウを中心とする円の半径は何cmですか。

（答え）＿＿＿＿＿＿＿＿

2 右の図のように，半径８cmの円が２つならんでいます。点ア，イはそれぞれの円の中心です。次の問題に答えましょう。

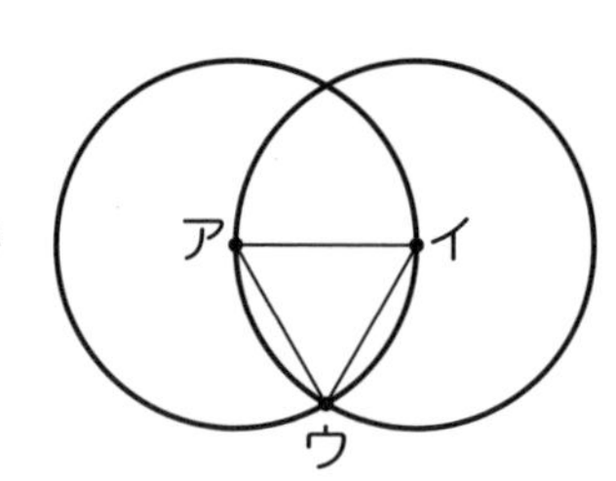

（１） 点アを中心とする円の直径は何cmですか。

（答え）＿＿＿＿＿＿＿＿

（２） 点ウは，２つの円が交わった点です。三角形アイウのまわりの長さは何cmですか。

（答え）＿＿＿＿＿＿＿＿

①は，問題文中の数がどこの長さか，求める長さはどの部分か，図を使って確認してください。わかっている長さを図に書き込んで，整理しながら解き進めることが重要です。②（２）で悩んでいれば，三角形の辺アウ，イウが円の半径であることに気づけるよう助言してみましょう。

答えは116ページ

3 右の図のように，箱(はこ)に同(おな)じ大きさのボールが５こ，ぴったり入っています。次の問題に答えましょう。

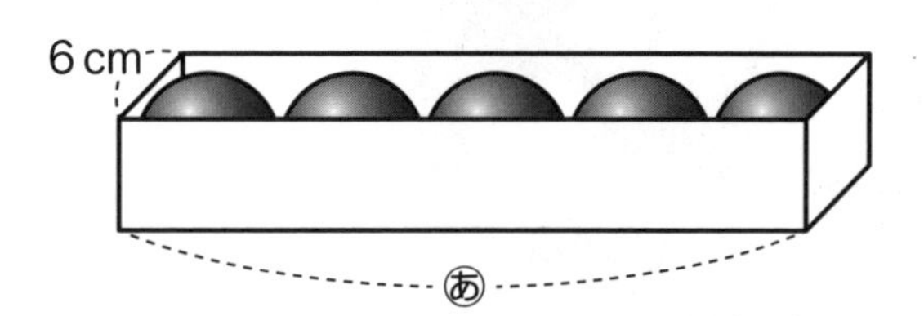

（1） ボールの直径は何cmですか。

(答え)＿＿＿＿＿＿＿＿

（2） あの長さは何cmですか。

(答え)＿＿＿＿＿＿＿＿

4 右の図のように，箱に同じ大きさのボールが６こ，ぴったり入っています。次の問題に答えましょう。

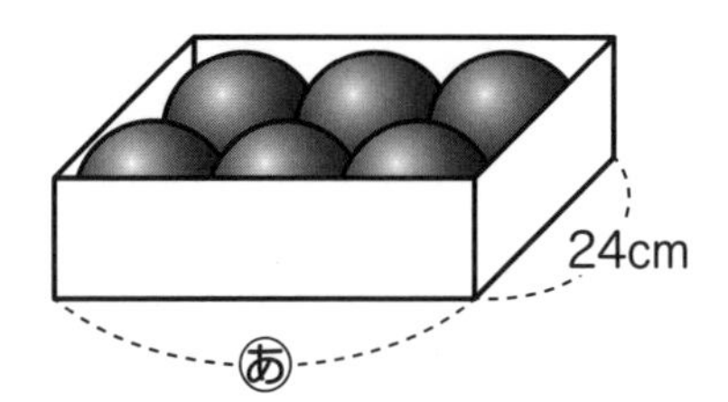

（1） ボールの半径は何cmですか。

(答え)＿＿＿＿＿＿＿＿

（2） あの長さは何cmですか。

(答え)＿＿＿＿＿＿＿＿

おうちの方へ 本書の問題にはありませんが，この単元ではコンパスを使えるようになることも，目標の１つです。コンパスでいろいろな大きさの円をかいたり，同じ大きさの円を組み合わせて模様をかいたりすることも，円の学習として大切です。学習を遊びに，遊びを学習につなげてみてください。

ラインリンク

ルールにしたがって，線を引こう。

ルール

① 同じ絵を，たてと横の線で結ぶ。
② 絵の入っていないマスを，全部１回だけ通る。
③ 一度通ったマスや，絵の入っているマスは通れない。

例 ▶

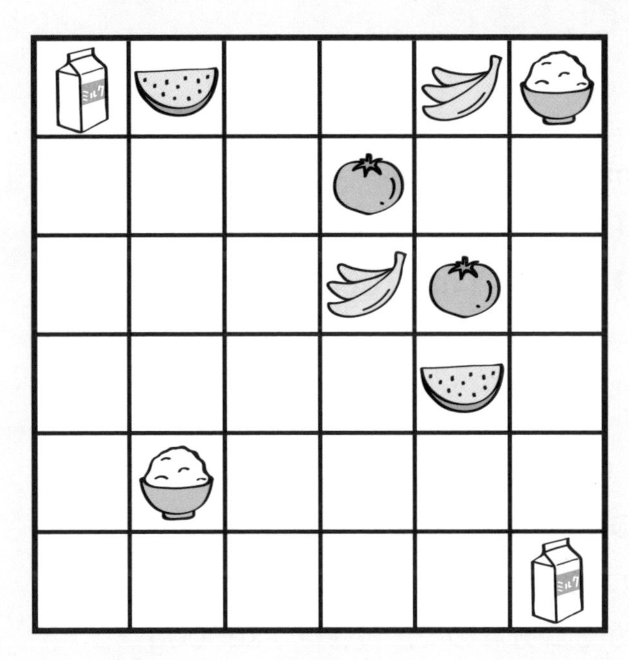

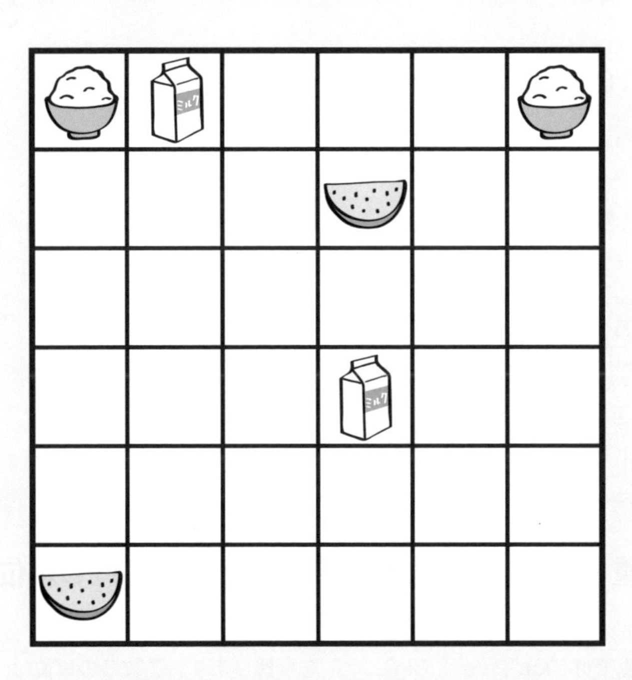

答えは 140 ページ

1-6 長さと重さ

長さの単位

長さは，1km（キロメートル）や，1m（メートル），1cm（センチメートル），1mm（ミリメートル）の何こ分かで表せます。

大切 **1km＝1000m，1m＝100cm，1cm＝10mm。**

重さの単位

重さは，1g（グラム）や，1kg（キログラム），1t（トン）の何こ分かで表せます。

右のはかりの大きい1目もりは，100gです。

1kgと100gが3つ分なので，重さは1kg300gです。

大切 **1kg＝1000g，1t＝1000kg。**

長さと重さの計算

4km 200m ＋ 2km 500m ＝ 6km 700m

4kg 800g − 1kg 300g ＝ 3kg 500g

大切 **長さや重さのたし算やひき算をするときは，同じ単位どうしを計算する。**

3年生では“km”，“g”，“kg”，“t”を学習します。これらの単位は，日常的に目にするのではないでしょうか。見つけたときには「目的地まで，あと5kmだって」などと声をかけ，単位が生活に密着していることを印象付けてください。学習内容に興味をもってもらいましょう。

例題１

１本の道(みち)にそって，家(いえ)，図書館(としょかん)，公園(こうえん)があります。家から図書館までの道のりは３km600m，図書館から公園までの道のりは１km500mです。家から公園までの道のりは何km何mですか。

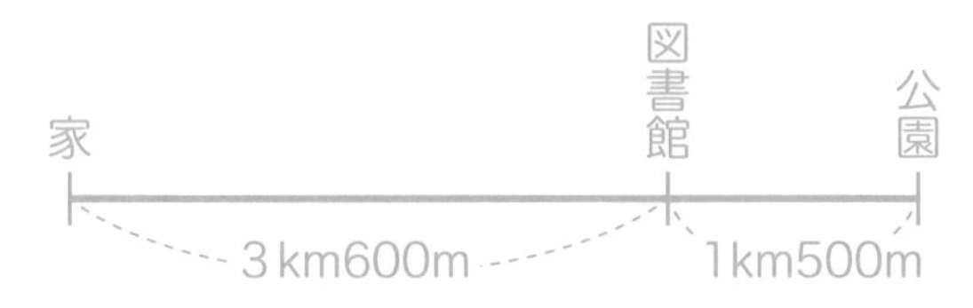

３km600m＋１km500m＝４km1100m
１km＝1000mなので，４km1100m＝５km100m
です。

（答え）５km100m

例題２

700gの箱(はこ)に，本が入っています。箱全体(ぜんたい)の重さをはかると，２kg300gでした。本の重さは何gですか。

300gから700gはひけないので，２kg300gを
１kg1300gとして計算します。
２kg300g－700g＝１kg1300g－700g
＝１kg600g

重さの計算も，同じ単位どうしで計算しよう。

（答え）１kg600g

例題１では，単位を繰り上げ，例題２では単位を繰り下げる必要があります。例題１で同じ単位同士を計算すると，３km600m＋１km500mは４km1100mとなります。1000mは１kmなので，４km1100mは５km100mとなります。mやcmと同様に処理できれば問題ありません。難しいようなら，cmなども併せて復習しましょう。

練習問題 ・長さと重さ・

1 次の□にあてはまる数を答えましょう。

（1） 5km400m＝□m

（答え）

（2） 8200m＝□km□m

（答え）

（3） 7t＝□kg

（答え）

（4） 6900g＝□kg□g

（答え）

2 右の図を見て，次の問題に答えましょう。

（1） さつきさんの家からポストの前を通って駅に行くときの道のりは何km何mですか。

ポスト
1km800m
1km300m
駅
さつきさんの家
2km500m
学校

（答え）

（2） さつきさんの家からポストの前を通って駅に行くときの道のりは，さつきさんの家から学校までの道のりより何m長いですか。

（答え）

長さや重さの学習では，数量の感覚を磨くことが大切です。可能であれば，学校から家までの道のりを測って，いつも歩いている長さはどの程度なのか知ることもよい経験になりますし，身近な物を使って重さ当てゲームをしてもよいでしょう。

答えは117ページ →

3　2kgまではかれるはかりを使って，かぼちゃをかごに入れて重さをはかったところ，右の図のようになりました。かごの重さは300gです。次の問題に答えましょう。

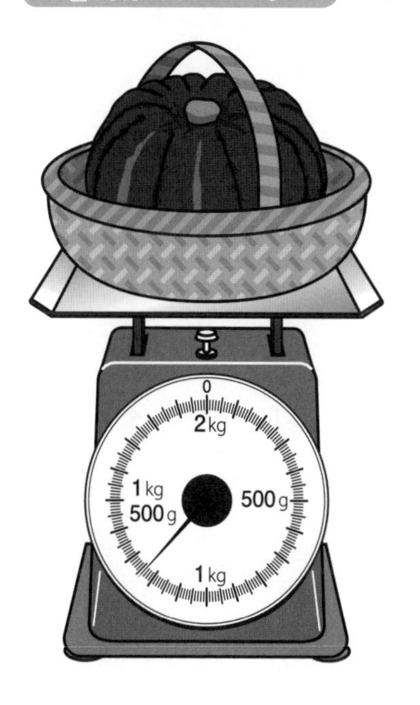

（1）　かごとかぼちゃの重さは何kg何gですか。

(答え)＿＿＿＿＿＿＿＿

（2）　かぼちゃの重さは何gですか。

(答え)＿＿＿＿＿＿＿＿

4　次のあ，い，うにあてはまる数を答えましょう。

	単位	関係
長さ	1 mm　1 cm　1 m　1 km	1 mm←1 cm：$\frac{1}{10}$　1 cm←1 m：あ　1 m→1 km：い
重さ	1 mg　1 g　1 kg　1 t	1 mg←1 g：$\frac{1}{1000}$　1 g→1 kg：1000倍　1 kg→1 t：う
かさ	1 mL　1 dL　1 L　1 kL	1 mL←1 dL：$\frac{1}{100}$　1 dL←1 L：$\frac{1}{10}$　1 L→1 kL：1000倍

(答え) あ　　　　い　　　　う

おうちの方へ　③のように，はかりの目もりを読むことも学習内容の１つです。目もりを読む作業は，長さを測るときと同じで，１目もりが何gか，あるいは何kgかに気を付けるように促してください。また，はかりの針が１周を超える物を量るときはどうすればよいか，話し合ってみましょう。

1-7 □を使った式

下の場面を式に表します。

はるきさんは折り紙を何まいか持っていました。お兄さんに18まいもらったので，折り紙は全部で50まいになりました。

はるきさんがはじめに持っていた折り紙について，ことばの式をつくると，

はじめに持っていた数 ＋ もらった数 ＝ 全部の数

ことばの式にわかっている数をあてはめると，

はじめに持っていた数 ＋ 18 ＝ 50

わからない数

はじめに持っていた数を□まいとすると，

□＋18＝50

となります。

はじめに持っていた数は，全部の数からもらった数をひけばよいので，

□＝50－18

□＝32

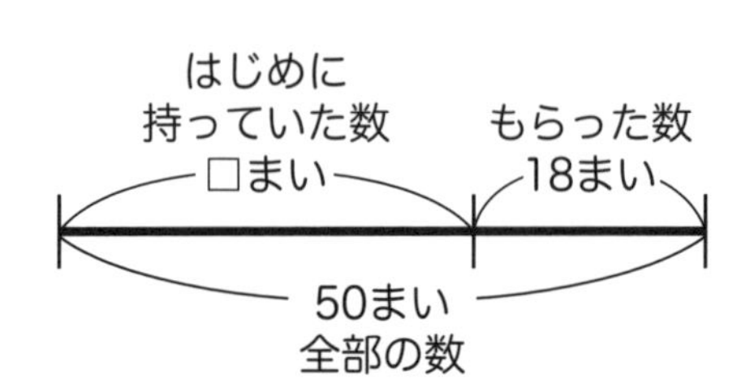

はるきさんがはじめに持っていた折り紙は，32まいです。

大切 **わからない数があっても，□を使うと，式に表すことができる。**

おうちの方へ

問題文中の，わからない数量を□などの記号を使って式をつくり，□にあてはまる数を求めることができるようになることをめざします。問題の場面を読み取る力，場面に沿って式をつくる力が必要になります。式をつくることが苦手な場合は，線分図をかきながら進めていきましょう。

例題 1

ゆりなさんは，お金を何円か持って買い物に行きました。65円の消しゴムを買ったところ，残りのお金は85円になりました。はじめに持っていたお金を□円として，ひき算の式に表しましょう。また，はじめに持っていたお金は何円ですか。

わからないのは，はじめに持っていたお金だから，これを□で表そう。

ことばの式をつくると，

はじめに持っていたお金 － 消しゴムの代金 ＝ 残りのお金

はじめに持っていたお金を□として，消しゴムの代金に65，残りのお金に85をあてはめると，

□－65＝85

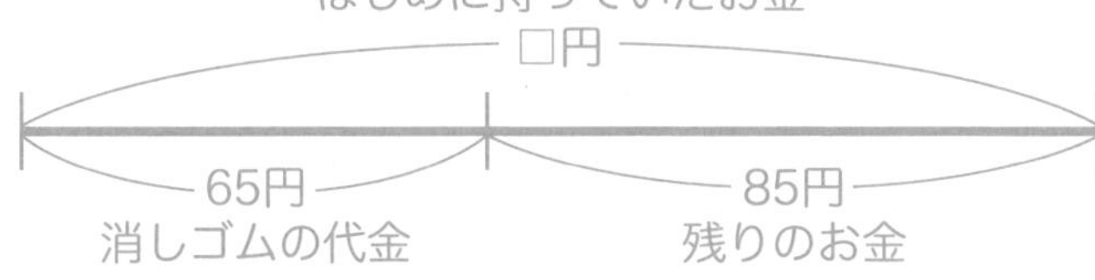

□にあてはまる数は，消しゴムの代金と残りのお金をたせばよいので，

□＝65＋85

□＝150

（答え）□－65＝85，150円

例題１の立式では，「65円は何のお金？85円は何のお金？」と，それぞれの数量について確認しましょう。P.38にあるように，数を使った式をつくる前に言葉を使った式をつくり，その後に，言葉に数を当てはめていけばよいでしょう。

練習問題 □を使った式

1 下のあからえまでの中で，場面を表す式が30－□＝5になるものはどれですか。

あ かおりさんは，クッキーを30まい作りました。何ふくろかに分けたら，1ふくろに入っているクッキーは5まいになりました。
い 計算ドリルが30ページあります。何ページか取り組んだら，残りが5ページになりました。
う 1まいが5円の画用紙があります。この画用紙を何まいか買ったら，代金が30円になりました。
え いちごが何こかあります。5こ食べたら，残りは30こになりました。

（答え）

2 公園に26人いました。あとから何人か来たので，公園にいる人は全部で41人になりました。あとから公園に来た人数を□人として，式に表し，あとから来た人数を求めましょう。

（答え）

①は，4つとも式をつくってみるように促しましょう。答えを求めるということももちろんですが，式をつくる練習が大切です。かけ算やわり算も入っているので，図をかいて整理してもよいでしょう。

答えは118ページ

③　1箱(はこ)8こ入りのキャラメルを何箱か買ったら，キャラメルは全部で72こになりました。買った箱の数を□箱として，式に表し，買ったキャラメルの箱の数を求めましょう。

(答え)＿＿＿＿＿＿＿＿

④　何本かあるえんぴつを，同じ数ずつ６人で分(わ)けたら，１人７本ずつになりました。はじめにあったえんぴつの数を□本として，式に表し，はじめにあったえんぴつの本数を求めましょう。

(答え)＿＿＿＿＿＿＿＿

④まで解けるようになったら，今度は式から物語をつくってみましょう。たとえば，「□－６＝12でお話をつくろう」と誘ってください。「何人か校庭にいました。６人帰ったので12人になりました」などが考えられます。いろいろな式で創作すれば，想像力も育つのではないでしょうか。

1-8 二等辺三角形と正三角形

１つの頂点から出ている２つの辺がつくる形を角といいます。

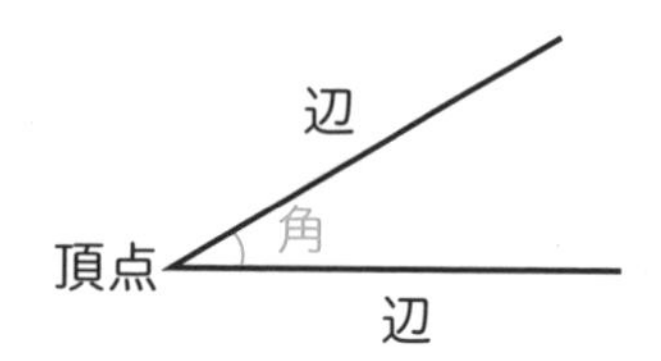

右の図のあやいのような，２つの辺の長さが等しい三角形を，二等辺三角形といいます。

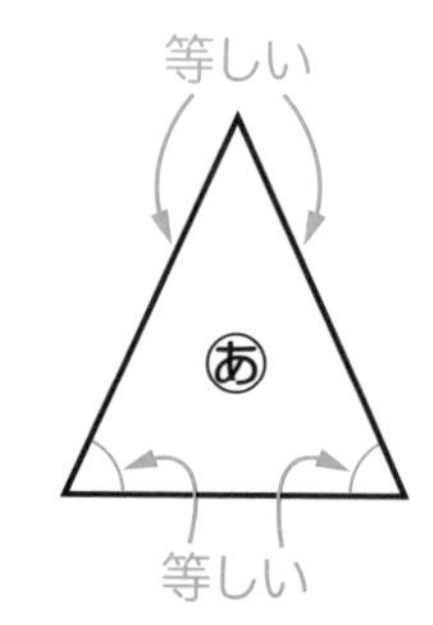

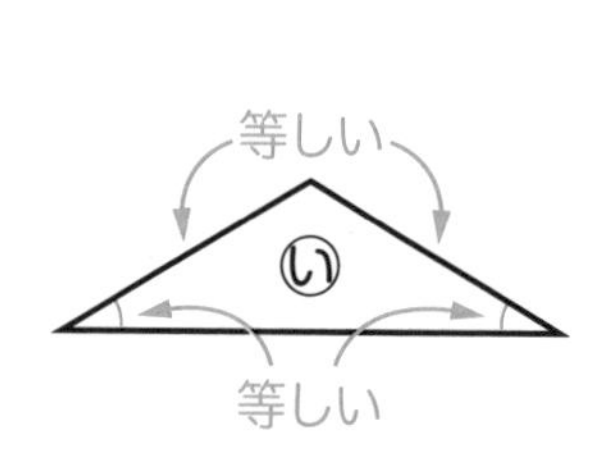

右の図のうのような，３つの辺の長さが全部等しい三角形を正三角形といいます。

大切 **二等辺三角形は，２つの角の大きさが等しい。**
正三角形は，３つの角の大きさが全部等しい。

おうちの方へ　２年生で学んだ“かど”について，２つの辺がつくる形である“角”を学びます。本書では扱っていませんが，直角の角がある二等辺三角形のことを，直角二等辺三角形といいます。正方形の折り紙などを対角線で切ると直角二等辺三角形ができるので，一緒に作って確認してみましょう。

例題１

下のⓐからⓕまでの中で，二等辺三角形はどれですか。全部選(えら)びましょう。

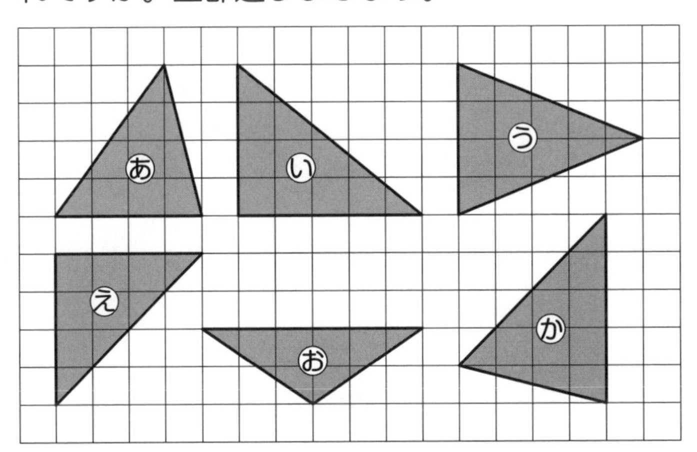

うとえとおは，２つの辺の長さが等しいので，二等辺三角形です。

（答え）う，え，お

例題２

右の図の三角形は正三角形です。この三角形のまわりの長さは何(なん)cmですか。

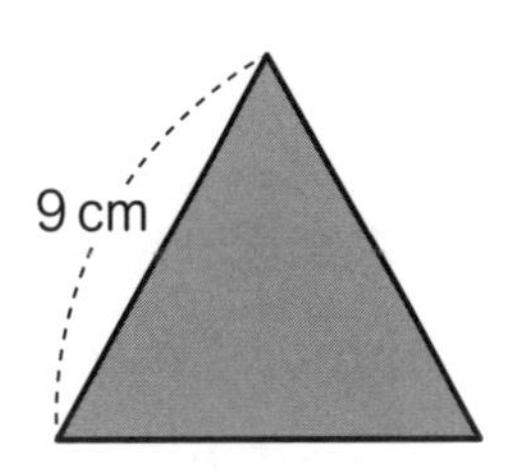

正三角形の３つの辺の長さは全部等しいので，辺の長さはどこも９cmです。

まわりの長さは，９cmの３つ分(ぶん)なので，

$9 \times 3 = 27$

（答え）27cm

おうちの方へ　例題１のうは，二等辺三角形が横向きになっています。向きが違っても，２つの辺の長さが等しければ二等辺三角形であることを確認しましょう。「他にあるよ」や，「向きを変えてみようか」などと助言しても構いません。いろいろな見方ができるようにしましょう。

練習問題 ・● 二等辺三角形と正三角形 ●・

1 下の図のように，正方形の紙を２つに折り，直線アイのところで切ります。切り取った紙を広げてできる三角形について，次の問題に答えましょう。

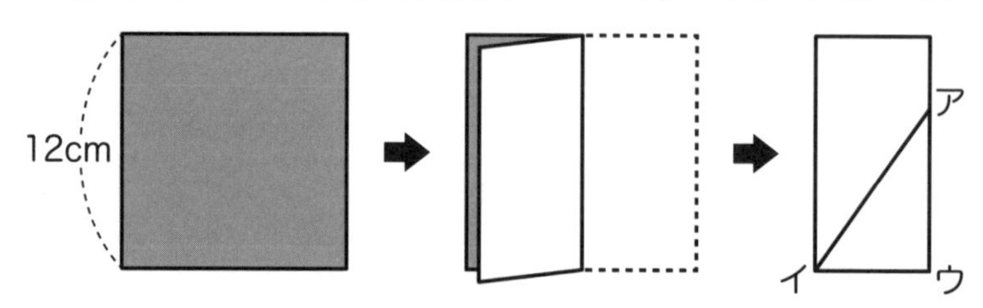

（1） 直線アイの長さが８cmのとき，できる三角形の名前を答えましょう。

(答え)

（2） 切り取った紙を広げてできる三角形が正三角形になるようにするには，直線アイの長さを何cmにすればよいですか。

(答え)

2 右の図の三角形アイウは，１辺の長さが８cmの二等辺三角形です。まわりの長さが20cmのとき，辺アイの長さは何cmですか。

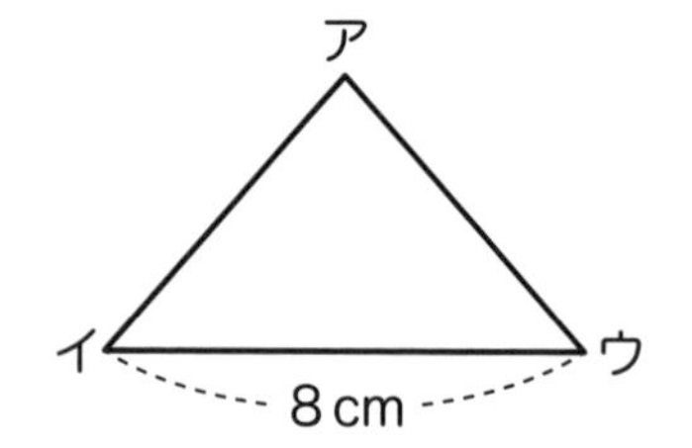

(答え)

おうちの方へ ①では，実際に正方形の紙を使って試してみましょう。操作的な活動をすることによって，図形の性質を印象付けることができます。二等辺三角形だけでなく，直角三角形も正三角形も正方形の紙から切り出すことができます。ぜひ，挑戦してみてください。

答えは119ページ

3 右の図のように，等しい間(かん)かくで点(てん)がならんでいます。点アと点イをちょう点とする二等辺三角形を，ものさしを使(つか)ってかきます。点を1つ選(えら)んで，二等辺三角形を1つかきましょう。

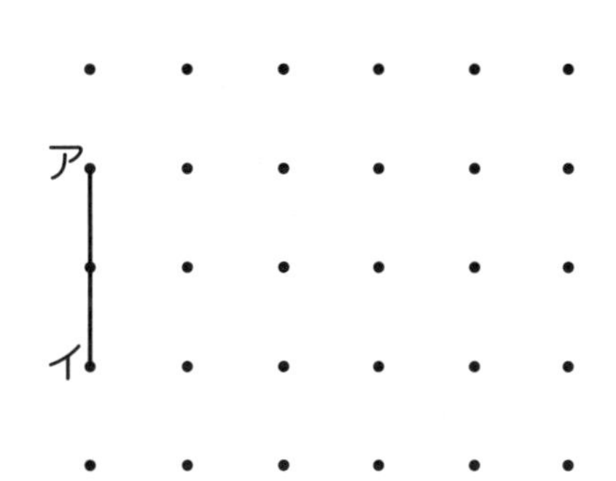

4 右の図の四角形(しかくけい)アイエウは，正三角形アイウと二等辺三角形イエウを組(く)み合(あ)わせてできた図形です。次の問題に答えましょう。

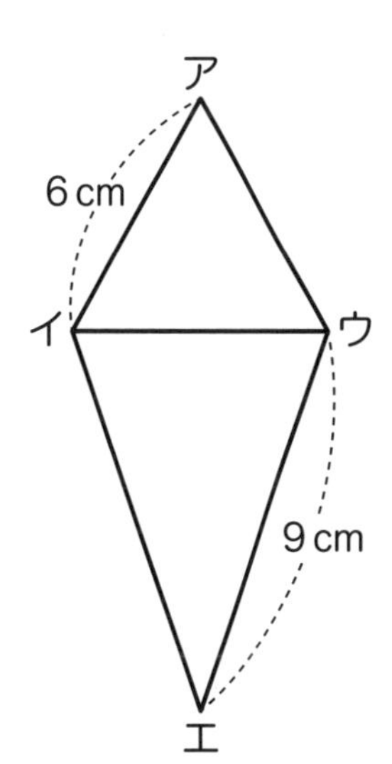

（1） 辺(へん)イウの長さは何cmですか。

(答え)＿＿＿＿＿＿＿＿

（2） 四角形アイエウのまわりの長さは何cmですか。

(答え)＿＿＿＿＿＿＿＿

おうちの方へ ③は答えが7通りあります。まず，辺アイを底辺として，高さが違う三角形が5つできます。また，辺アイを，長さの等しい2つの辺の1辺として，直角二等辺三角形が2つできます。どれでも正解ですが，1つ見つけられたら，ぜひ「他にもあるよ」と声をかけてみましょう。

ふしぎな箱

いろいろな形を箱の中に入れると，❶，❷，❸のようになるよ。
箱に続けて入れたときは，❹のようになるよ。

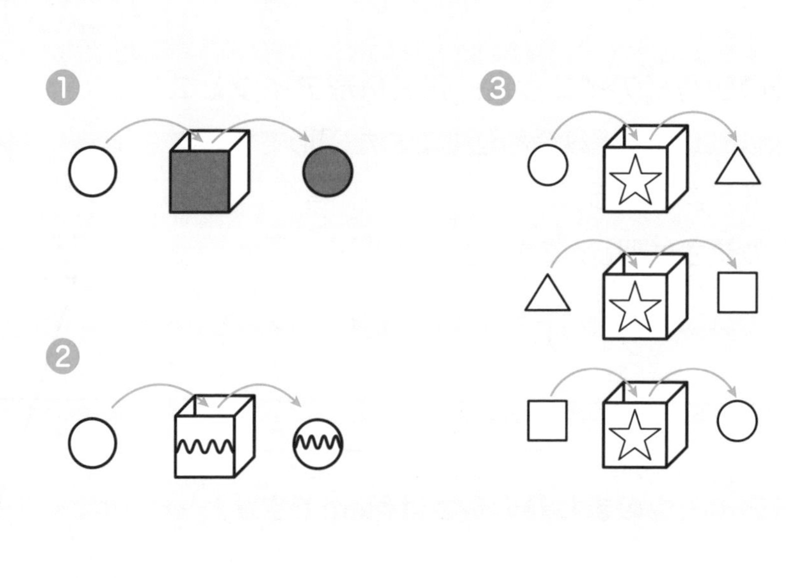

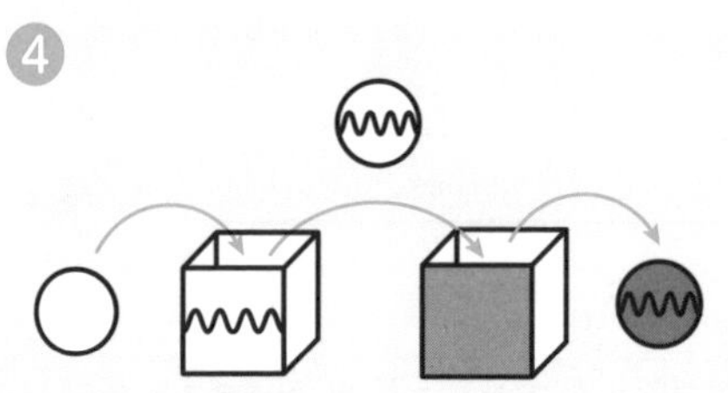

下のように形を箱に入れたとき，最後（さいご）に出てくる形はどれですか。
あからかまでの中から，1つずつ選（えら）びましょう。

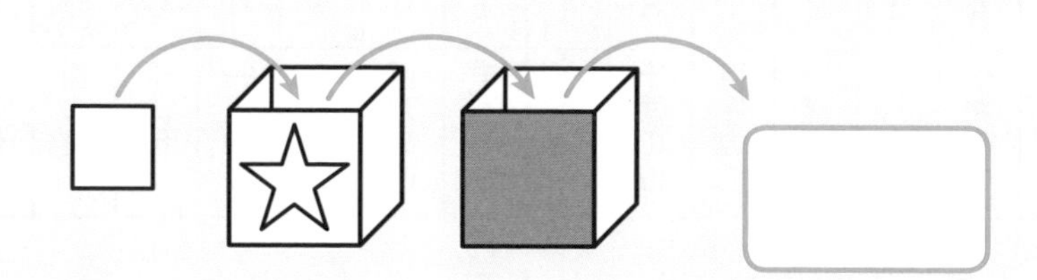

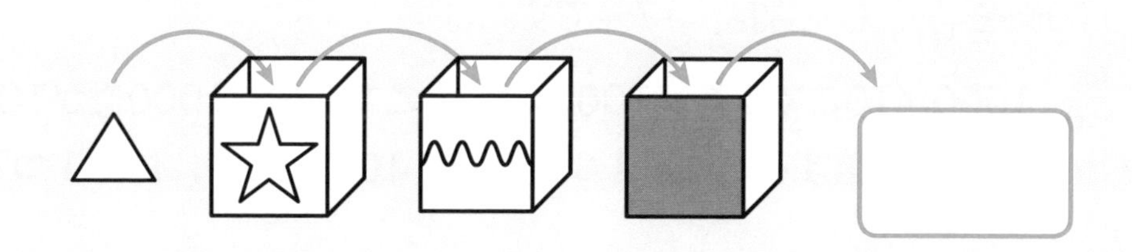

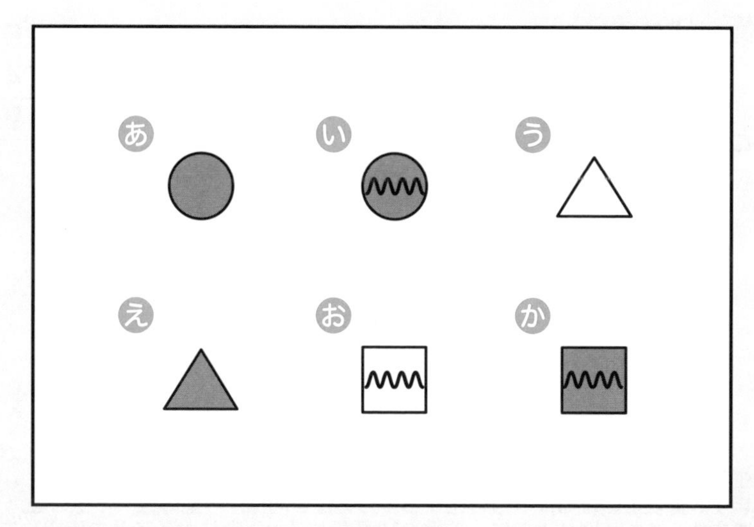

答えは 141 ページ

2-1 大きい数

数の表し方

453184297000000の読み方

		4	5	3	1	8	4	2	9	7	0	0	0	0	0
千兆の位	百兆の位	十兆の位	一兆の位	千億の位	百億の位	十億の位	一億の位	千万の位	百万の位	十万の位	一万の位	千の位	百の位	十の位	一の位

「四十五兆三千百八十四億二千九百七十万」と読みます。

170億を10倍した数は，1700億です。

170億を$\frac{1}{10}$にした数は，17億です。

大切 **1000が10こで1万，1000万が10こで1億，1000億が10こで1兆。整数を10倍すると位が1つ上がり，10でわると，位が1つ下がる。**

大きい数の計算

253億＋41億＝294億

	2	5	3	億
＋		4	1	億
	2	9	4	億

同じ位どうしで計算する。

4年生で学習する“大きい数”では，一億の位以上の数を扱い，いちばん大きい位は千兆の位になります。億以上の位も，一万の位から千万の位と同様，一億の位，十億の位，…と位が変わっていきます。また，同じように，千億を10個集めると一兆になることを確認しておきましょう。

例題１

次の問題に答えましょう。

（１）　１万を352こ集めた数を，数字だけで書きましょう。

（２）　4500億を10倍した数を，数字だけで書きましょう。

（１）

	3	5	2	0	0	0	0
千万の位	百万の位	十万の位	一万の位	千の位	百の位	十の位	一の位

（答え）　3520000

（２）　整数を10倍すると，位が１つ上がります。

（答え）4500000000000

例題２

水族館の子どもの入館料は1200円です。ある小学校の全校児童520人が入館するとき，代金は何円ですか。

終わりに０のある数のかけ算は，０を省いて計算し，計算結果の右側に，省いた０の数だけ０をつけます。

1200　×　520　＝　624000

１人分の入館料　全校児童の人数　代金

```
    1 2|0 0
  × 5 2|0
  ------
      2 4|      ←12×２の答え
    6¹0  |      ←12×５の答え
  ------
  6 2 4|0 0 0   ←省いた０の数だけ
                  ０をつける
```

０の数に
気をつけよう。

（答え）　624000円

おうちの方へ

例題２は大きい数の計算です。かける数が増えると，筆算の線と線の間の段数も増えますし，かけ算やたし算をする回数も増えます。今まで以上に，丁寧に筆算を整理して書く必要があります。位が上がるときのメモの位置も混乱しないように，ルールを決めておいてもよいでしょう。

練習問題 ・● 大きい数 ●・

1 下の数直線（すうちょくせん）を見て，次（つぎ）の問題（もんだい）に答（こた）えましょう。

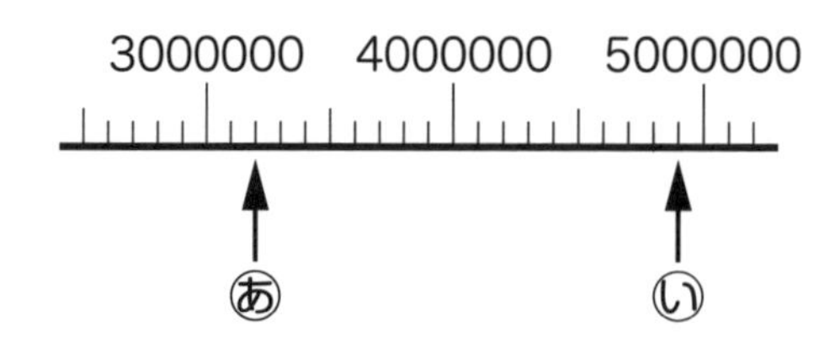

（1） いちばん小さい1目もりは，いくつを表（あらわ）していますか。

(答え)＿＿＿＿＿＿＿＿

（2） ㋐，㋑の目もりが表す数（かず）は，いくつですか。数字だけで書（か）きましょう。

(答え) ㋐＿＿＿＿＿＿ ㋑＿＿＿＿＿＿

2 0，1，2，3，4，5，6，7，8，9の10この数字を1回（かい）ずつ使（つか）って，10けたの整数（せいすう）をつくります。次の問題に答えましょう。

（1） いちばん大きい整数を答えましょう。

(答え)＿＿＿＿＿＿＿＿

（2） いちばん小さい整数を答えましょう。

(答え)＿＿＿＿＿＿＿＿

②（2）では，0を使った上で，いちばん小さい整数をつくります。10個の数字の中でいちばん小さい数は0ですが，0は，その位に値がないことを示す数字です。いちばん大きい位に値がなければ，何も書く必要がないので，0がいちばん大きい位にくることはありません。

答えは 121 ページ

③ 次の計算をしましょう。

（1） 83億－15億

（答え）＿＿＿＿＿＿

（2） 485兆＋352兆

（答え）＿＿＿＿＿＿

（3） 705兆－96兆

（答え）＿＿＿＿＿＿

（4） 624×508

（答え）＿＿＿＿＿＿

（5） 3800×90

（答え）＿＿＿＿＿＿

（6） 2800×560

（答え）＿＿＿＿＿＿

おうちの方へ

③（4）はかける数の十の位が0のかけ算です。0に何をかけても0であることを，ここでもう一度確認しましょう。0が間に入っているときは，その部分の筆算を省略しても構いません。その場合は，次の数を書く位置を間違えないように注意を促してください。

2-2 整数のわり算

わり算の筆算は，大きい位から［たてる］→［かける］→［ひく］→［おろす］の順で計算します。

68÷4の計算

$$\begin{array}{r} 1 \\ 4\overline{)68} \\ 4 \end{array} \rightarrow \begin{array}{r} 1 \\ 4\overline{)68} \\ \underline{4} \\ 28 \end{array} \rightarrow \begin{array}{r} 17 \\ 4\overline{)68} \\ \underline{4} \\ 28 \\ 28 \end{array} \rightarrow \begin{array}{r} 17 \\ 4\overline{)68} \\ \underline{4} \\ 28 \\ \underline{28} \\ 0 \end{array}$$

6÷4で，
十の位に
1をたてる
4と1をかける

6から4をひく
一の位の8を
おろす

28÷4で，一の位に
7をたてる
4と7をかける

28から28をひく

957÷34の計算

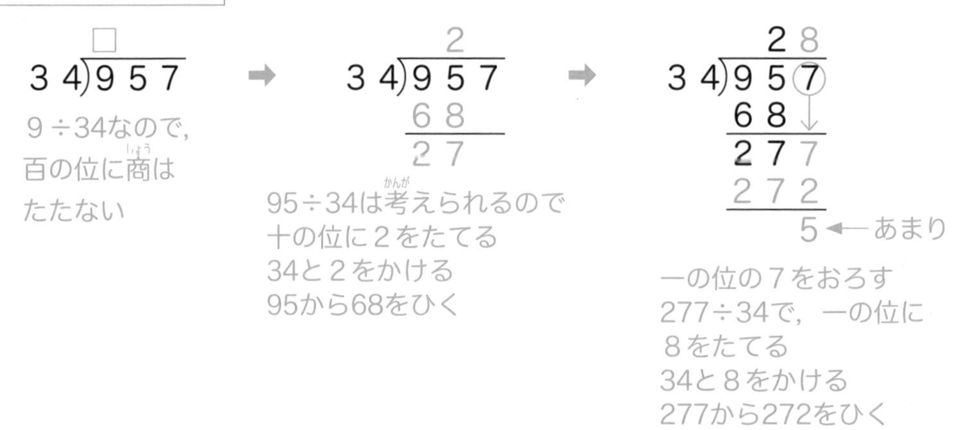

大切　**2けたの数でわる計算は，かんたんな数の計算とみて，商の見当をつける。**

わり算の筆算は他の演算と違い，上の位から計算し，筆算の書き方も独特です。わられる数の上に商を“たてる”，わる数と商を“かける”，わられる数の下で“ひく”，その横に次の位を“おろす”の手順です。ゆっくり言葉で確認しながら計算するよう声をかけましょう。

例題１

84÷３の計算をしましょう。

```
  2            28             28
3)84    ➡   3)8④     ➡   3)84
  6            6↓             6
  2            24             24
               24             24
                               0
```

8÷3で，
十の位に
２をたてる
３と２をかける
８から６をひく

一の位の４をおろす
24÷３で，一の位に
８をたてる
３と８をかける

24から24をひく

たてる→かける→ひく→おろすの順に，上の位から計算すればよいね。

（答え）　28

例題２

1676÷26の計算をしましょう。

```
     □□                  6                 64
26)1676    ➡   26)1676      ➡   26)167⑥
                    156                156↓
                     11                 116
                                        104
                                         12
```

1÷26だから，
千の位に商は
たたない
16÷26だから，
百の位に商は
たたない

167÷26は考えられるので，
十の位に６をたてる
26と６をかける
167から156をひく

あまり

一の位の６をおろす
116÷26で，一の位
に４をたてる
26と４をかける
116から104をひく

見当(けんとう)を付(つ)けた商が小さすぎたときは，１大きくすればよいよ。

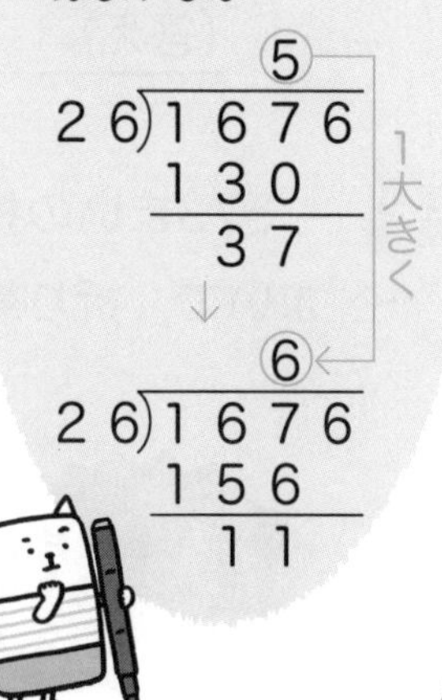

（答え）64あまり12

例題２のように，わる数が２桁以上になる場合，わられる数のいちばん上の位に商がたつことはありません。２つめの位では，わられる数の上から１桁めと２桁めの２桁の数と，わる数とで比べます。悩んでいるときは，わられる数の位を指で隠して「これはわれるかな」と聞いてもよいでしょう。

練習問題 ・●整数のわり算●・

1 次の計算をしましょう。商は整数で求め，あまりがあるときはあまりも出しましょう。

（1） 78÷6

（答え）

（2） 692÷5

（答え）

（3） 95÷12

（答え）

（4） 864÷18

（答え）

2 573まいの折り紙を，７人で同じ数ずつ分けます。１人分の折り紙は何まいで，折り紙は何まいあまりますか。

（答え）

おうちの方へ
わり算の計算結果が出たら，求めた商やあまりが正しいか確かめるように促しましょう。わり算の検算は，わり切れる場合が“わる数×商＝わられる数”，あまりのでる場合が“わる数×商＋あまり＝わられる数”でできます。

答えは122ページ

3 さきさんとなみさんは，243ページある本を読むことにしました。次の問題に答えましょう。

（1） さきさんは，毎日同じページ数を読んで，ちょうど9日で読み終えることにしました。1日に何ページずつ読めばよいですか。

（答え）＿＿＿＿＿＿＿＿

（2） なみさんは，毎日31ページ読むことにしました。何日で読み終えますか。

（答え）＿＿＿＿＿＿＿＿

4 小麦粉が1968g あります。次の問題に答えましょう。

（1） この小麦粉を24このびんに同じ重さずつ入れると，1このびんに入れる小麦粉は何gになりますか。

（答え）＿＿＿＿＿＿＿＿

（2） この小麦粉を316gずつふくろに入れていくと，ふくろは何ふくろできて，何gあまりますか。

（答え）＿＿＿＿＿＿＿＿

③（2）はわり算をして商とあまりを出し，商に1をたす必要があります。言葉の解説で理解が難しいようならば，実際に本をめくりながら確認してみましょう。問題と同じページ数の必要はありません。お気に入りの本で問題をつくり，あまったページはどうするか考えてもらいます。

2-3 角の大きさ

角の大きさのことを角度といいます。直角を90に等しく分けた１つ分の角の大きさを１度といい，1°と書きます。

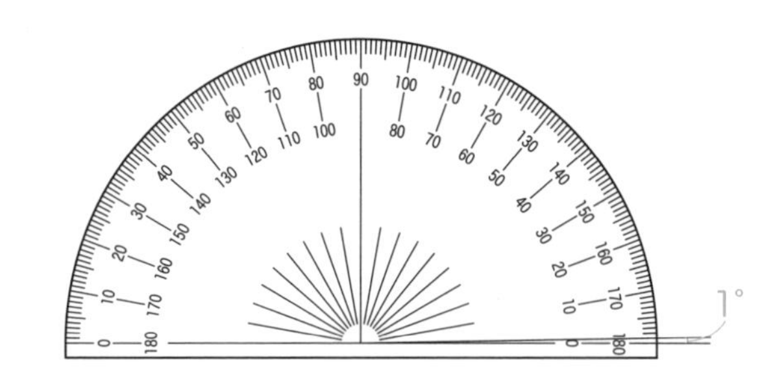

角の大きさをはかるには，分度器を使います。

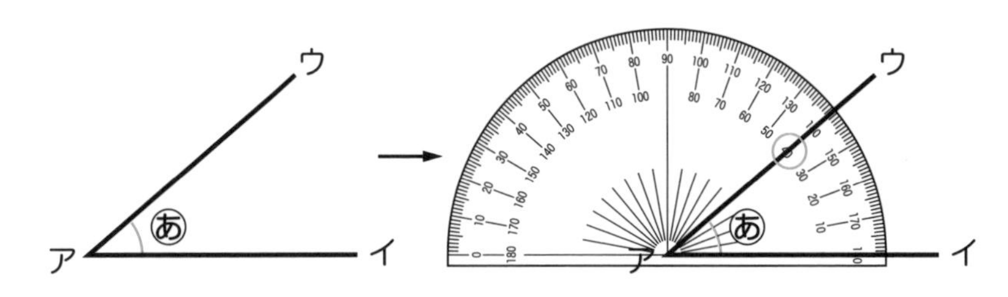

①　分度器の中心を角の頂点アに合わせ，0°の線を辺アイに合わせる
②　辺アウが重なっている目もりを読む

三角じょうぎの角度は，右の図のようになっています。

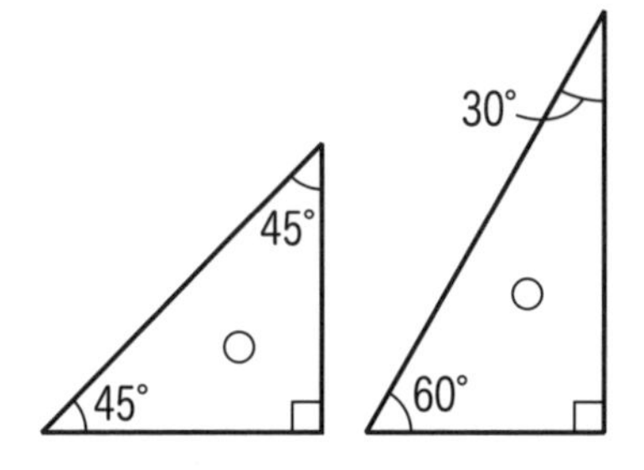

大切　１直角＝90°，２直角＝180°。

３年生で２つの辺が作る形が“角”であることを学びますが，４年生では角の大きさを測定したり計算したりすることを学びます。分度器で角度を測るときは，角の頂点と分度器の中心，辺と分度器の0°の線をぴったり合わせることが大切です。

例題１

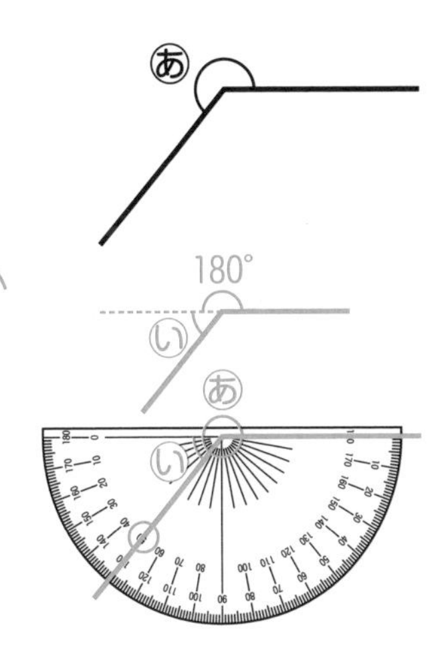

右の図で，あの角の大きさは何度ですか。
分度器を使ってはかりましょう。

あは180°より大きいです。180°より何度大きいか考えます。

いの角度をはかると，50°です。

あの角度は，180°より50°大きいので，

180°＋50°＝230°

（答え）　230°

例題２

１組の三角じょうぎのそれぞれの角の大きさは，図１のようになっています。図２のように，１組の三角じょうぎを組み合わせました。あの角の大きさは何度ですか。

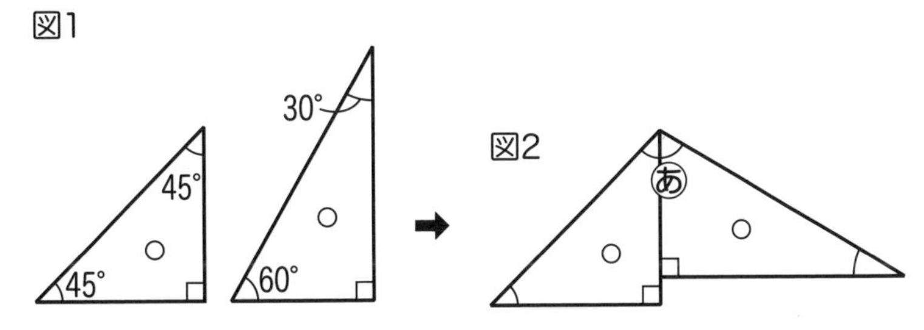

あの角は，45°と60°を合わせた角なので，

45°＋60°＝105°

（答え）　105°

180°より大きい角度は，例題１のように「180°より何度大きいか」を考える方法と，「360°より何度小さいか」を考える方法があります。練習問題の解説では２通りの考え方を示しているので，こちらもよく確認しておいてください。

練習問題 ・● 角の大きさ ●・

1 下の図(ず)のあ，いの角(かく)の大きさは，それぞれ何(なん)度ですか。分度器(ぶんどき)を使(つか)ってはかりましょう。

（1）

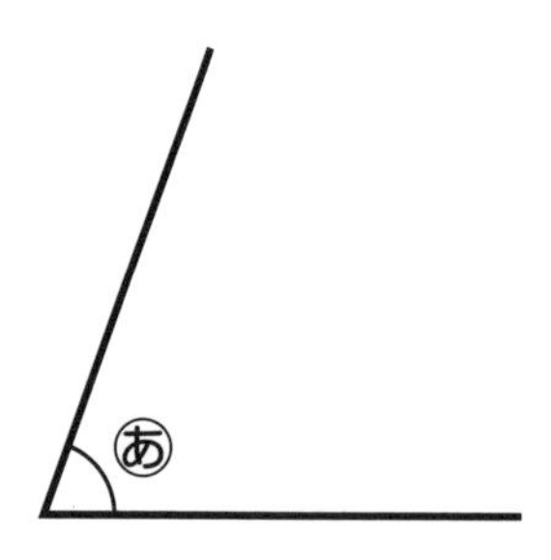

（2）

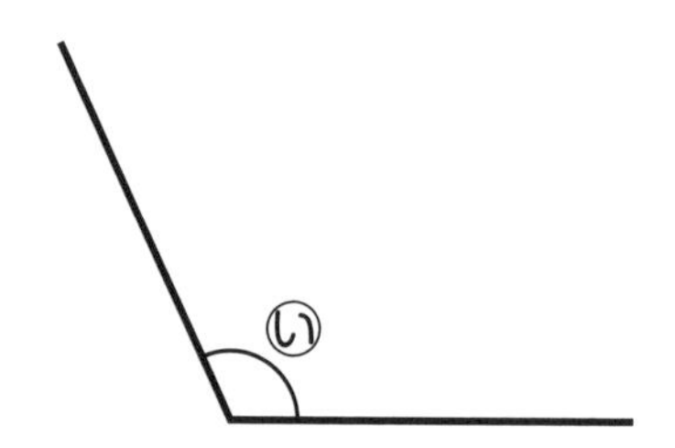

（答え）

（答え）

2 下の図のあ，いの角の大きさは，それぞれ何度ですか。分度器を使ってはかりましょう。

（1）

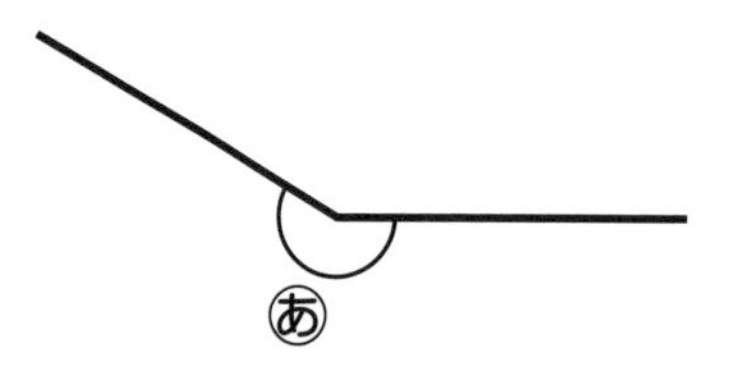

（2）

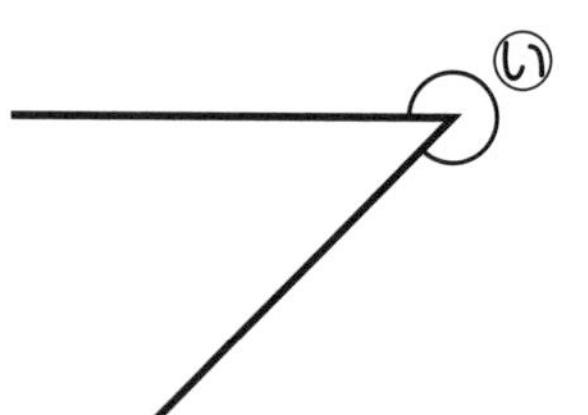

（答え）

（答え）

おうちの方へ 分度器を使った角度の測定をたくさん練習してください。角をつくる直線を２本引いてあげて，角度を測ってもらいます。最初は，“30°”や“70°”など，きりのよい角度で角をつくり，練習問題としてみてください。慣れてきたら適当に角をつくり，一緒に測って確認しましょう。

答えは 123 ページ

3 1組の三角じょうぎのそれぞれの角の大きさは，図1のようになっています。（1）から（4）までの図のように，1組の三角じょうぎを組み合わせました。㋐から㋓までの角の大きさはそれぞれ何度ですか。

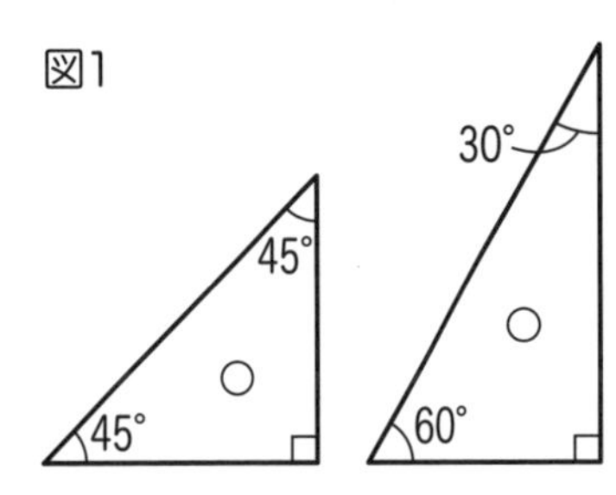

（1）

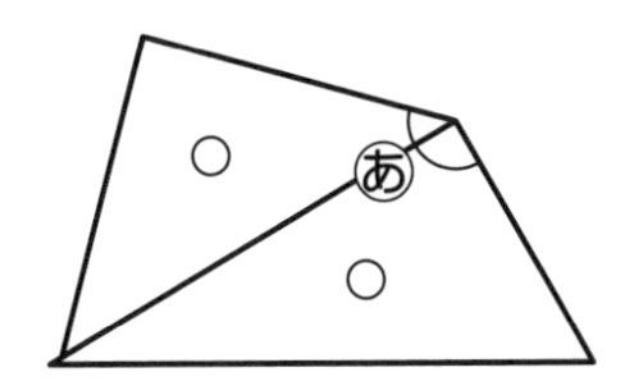

（答え）

（2）

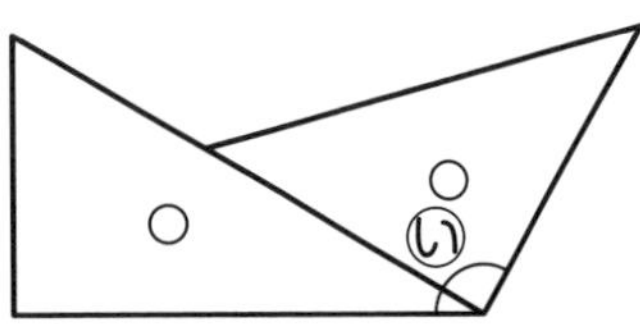

（答え）

（3）

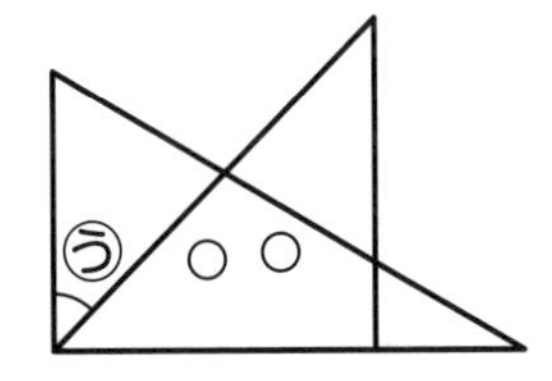

（答え）

（4）

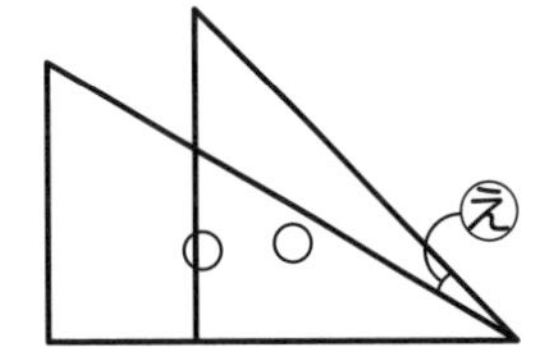

（答え）

おうちの方へ
三角定規の角度を使った角度の計算は，③以外にも考えられます。手元にある三角定規を使って，いろいろと組み合わせてみてください。問題を出し合ってもよいでしょう。また，同じ角度の部分で違う組み合わせ方もできます。何回も組み合わせを考えるうちに気付けるとよいです。

2-4 折れ線グラフと表

折れ線グラフ

変わっていくもののようすを表すときは，折れ線グラフを使います。

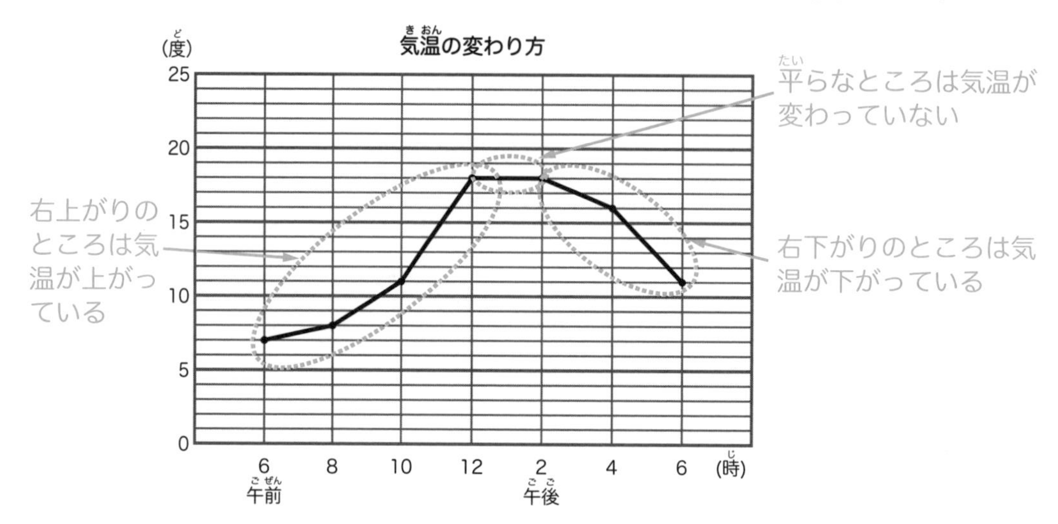

大切 線のかたむきが急であるほど変わり方が大きい。

分類した表

右の表で，㋐から㋓まではそれぞれ

㋐…犬もねこも好きな人の数

㋑…犬は好きで，ねこはきらいな人の数

㋒…犬はきらいで，ねこは好きな人の数

㋓…犬もねこもきらいな人の数

を表しています。

犬とねこの好ききらい調べ

		ねこ		合計
		好き	きらい	
犬	好き	㋐15	㋑6	21
	きらい	㋒5	㋓4	9
合計		20	10	30

大切 2つのことがらについて調べたときは，分類して表に整理するとわかりやすくなる。

3年生では棒グラフを学びましたが，4年生では折れ線グラフを学び，統計の学習をさらに進めていきます。折れ線グラフは，時系列のデータなど，移り変わりを示すときに有効なグラフです。健康のための体調管理や，スポーツの記録管理など，日常生活でもよく利用されています。

例題1

右の折れ線グラフは，ある市(し)の４月から９月までの毎月(まいつき)１日の最高(さいこう)気温と最低(さいてい)気温を表したものです。最高気温と最低気温のちがいがいちばん大きいのは，何(なん)月ですか。また，そのときのちがいは何度ですか。

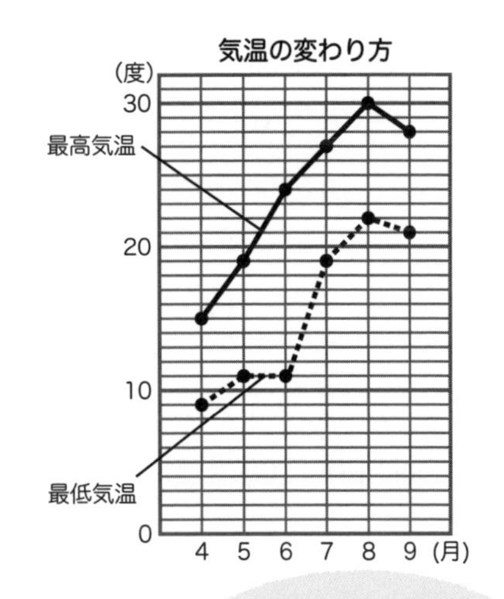

それぞれの月で，２つのグラフが何目もりはなれているかを読(よ)めば，最高気温と最低気温のちがいがわかります。２つのグラフがいちばんはなれているのは，６月です。６月は13目もりはなれています。

(答え)　６月，ちがいは13度

たてのじくの１目もりは１度を表しているね。

例題2

右の表は，たくやさんのクラス全員(ぜんいん)について，兄(あに)と姉(あね)がいるかどうかを調べてまとめたものです。兄も姉もいない人は何人ですか。

表の㋐に入る数を求めます。

９＋㋐＝21なので，

㋐は，21－９＝12

(答え)　12人

兄と姉がいるかいないか調べ

		姉		合計(ごうけい)
		いる	いない	
兄	いる		8	
	いない	9	㋐	21
合計				32

おうちの方へ

二次元表は，２つの観点を組み合わせて整理する表です。例題２では，兄がいる人といない人，姉がいる人といない人を整理します。P.60の解説と同じように，すべてのマスについて，何を表しているか確認しておきましょう。表の読み取りの練習になります。

練習問題 ・● 折れ線グラフと表 ●・

1 右の折れ線グラフは，ハムスターの４月から９月までの体重の変わり方を表したものです。次の問題に答えましょう。

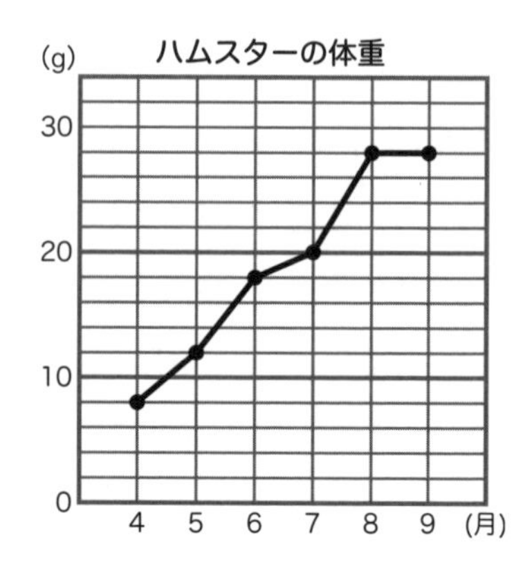

（1） ５月の体重は何gですか。

（2） 体重のふえ方がいちばん大きいのは，何月から何月までの間ですか。

(答え)

2 右の折れ線グラフは，ある日の気温と池の水温の変わり方を表したものです。次の問題に答えましょう。

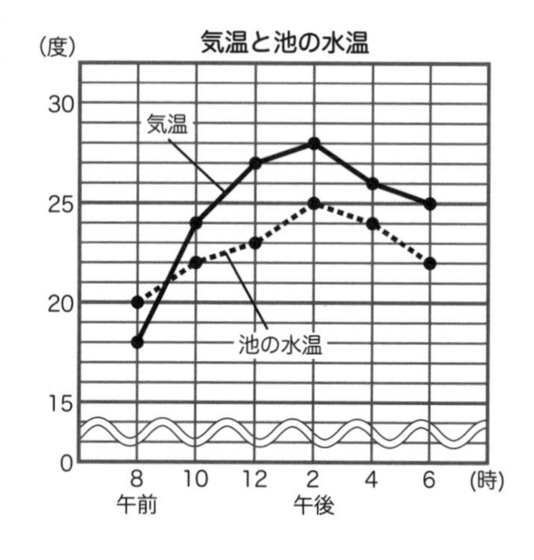

（1） 午前12時の気温と池の水温のちがいは何度ですか。

(答え)

（2） 気温が池の水温より高くなったのは，何時から何時までの間ですか。

(答え)

②では「水温の下がり方がいちばん小さいのは何時から何時まで？」や「午前８時は気温と水温，どっちの方が高い？」などグラフ読み取れることを話し合ってみてください。理科や社会の内容も絡ませると学びが広がります。

答えは 125 ページ

③　右の図形を，色（白，黒）と形（三角形，四角形）で分けて，それぞれの数を下の表に整理します。次の問題に答えましょう。

（1）　㋐にあてはまる数を求めましょう。

（答え）＿＿＿＿＿＿＿＿

（2）　㋑にあてはまる数を求めましょう。

（答え）＿＿＿＿＿＿＿＿

色と形調べ　（こ）

		形		合計
		三角形	四角形	
色	白		㋐	
	黒			
合計		㋑		21

④　右の表は，ありささんのクラス全員について，クロールとせ泳ぎができるかどうかを調べて，その結果をまとめたものです。次の問題に答えましょう。

（1）　クロールができて，せ泳ぎができない人は何人いますか。

（答え）＿＿＿＿＿＿＿＿

クロールとせ泳ぎができる人調べ（人）

		せ泳ぎ		合計
		できる	できない	
クロール	できる	12		22
	できない		6	
合計				34

（2）　クロールができなくて，せ泳ぎができる人は何人いますか。

（答え）＿＿＿＿＿＿＿＿

おうちの方へ
③では，数えた図形がどこにあたるのか，丁寧に進めるよう促しましょう。問題の答えは，表をある程度埋めてから計算で求めても，すべて数えても構いません。一方のやり方ができたら，もう一方でもやってみましょう。少し増やして練習してもよいでしょう。

2-5 がい数

がい数

およその数のことをがい数といい，「約」や「およそ」をつけて表します。
ある数について，0，1，2，3，4のときは切り捨て，5，6，7，8，9のときは切り上げることを，四捨五入といいます。

68734を四捨五入してがい数で表す

百の位までのがい数で表すときは，十の位を四捨五入します。
十の位は3だから，切り捨てて，約68700と表します。
上から2けたのがい数で表すときは，上から3けためを四捨五入します。
上から3けため（百の位）は7だから，切り上げて，約69000と表します。

大切 **○の位までのがい数と，上から○けたのがい数がある。**

数のはんい

一の位を四捨五入して230になる数のはんいは，225以上235未満です。
235は，一の位を四捨五入すると，240になるので入りません。

➡ 225から234までの整数

大切 **以上…100以上とは，100と等しいか，100より大きい数。**
以下…100以下とは，100と等しいか，100より小さい数。
未満…100未満とは，100より小さい数。

おうちの方へ
概数は，①くわしい数値がわかっていても目的に応じて大雑把な値で表す場合，②グラフなどでおよその比較をする場合，③ある瞬間の本当の数値を確認するのが難しい場合，などで使います。③の場面は，国の人口などがあります。

例題１

次の問題に答えましょう。

（１） 54295を四捨五入して，百の位までのがい数にしましょう。

（２） 174368を四捨五入して，上から２けたのがい数にしましょう。

（１） 十の位を四捨五入します。十の位は９なので，切り上げて，

54295 → 54300　（答え）54300

（２） 上から３けためを四捨五入します。上から３けため（千の位）は４なので，切り捨てて，

174368 → 170000　（答え）170000

○の位までのがい数で表すときは，○の位の１つ下の位で四捨五入するよ。

例題２

野球場の入場者数は，土曜日は2854人，日曜日は3439人でした。２日間の入場者数はおよそ何人ですか。百の位までのがい数で求めましょう。

土曜日と日曜日の入場者数を，それぞれ百の位までのがい数で表すと，土曜日は2900人，日曜日は3400人です。

2900＋3400＝6300で，6300人です。　（答え）6300人

例題３

四捨五入して，百の位までのがい数にしたとき，4700になる数のはんいを，以上と未満を使って表しましょう。

4600 4650 4700 4750 4800

4650以上4750未満

（答え）4650以上4750未満

4750は十の位で四捨五入すると4800になるね。

おうちの方へ　例題３は，例題１や例題２の逆の作業をすることになります。概数の範囲を問うことで，概数を本当に理解できているか確認することができます。間違えた場合は，範囲にあげた数字を四捨五入するとどうなるか，１つずつ試してみましょう。答えが出たら，改めて見直してください。

練習問題 ・● がい数 ●・

1　A県の人口は2163908人，B県の人口は1068838人です。次の問題に答えましょう。

（1）　A県の人口を一万の位までのがい数で表すと，およそ何人ですか。

（答え）＿＿＿＿＿＿＿＿＿＿

（2）　B県の人口を十万の位までのがい数で表すと，およそ何人ですか。

（答え）＿＿＿＿＿＿＿＿＿＿

2　テレビのねだんは53978円，冷ぞう庫のねだんは165776円です。次の問題に答えましょう。答えは，上から２けたのがい数で表しましょう。

（1）　テレビのねだんは，およそ何円ですか。

（答え）＿＿＿＿＿＿＿＿＿＿

（2）　冷ぞう庫のねだんは，およそ何円ですか。

（答え）＿＿＿＿＿＿＿＿＿＿

買い物の場面で概数を使うことは多々あります。“クーポン券は5000円以上でないと使えない”や“駐車料金は3000円の買い物で免除される”ならば，代金を小さめに見積もる必要があります。“お小遣いの1000円以内で買う”というときは，代金を大きめに見積もる必要があります。

答えは 126 ページ

3 たくまさんが住んでいる市の小学生は69518人，中学生は36871人です。次の問題に答えましょう。

（1） 小学生と中学生の人数を，千の位までのがい数で表しましょう。

（答え）小学生　　　　　　　　　中学生

（2） 小学生は，中学生よりおよそ何人多いですか。千の位までのがい数で求めましょう。

（答え）

4 まことさんが住んでいる町の祭りに参加した人数は，一万の位までのがい数で表すと，およそ2800人でした。次の問題に答えましょう。

（1） 何の位で四捨五入しましたか。

（答え）

（2） 参加した人数は，何人以上何人未満ですか。

（答え）

目的に合わせた概数にする場面はさまざまです。たとえば，地域の複数の図書館の蔵書数などが挙げられます。「Aの図書館の蔵書数は９万冊，Bの図書館の蔵書数は７万冊だから，Aの図書館のほうに行こう」などと判断することができます。

2-6 垂直・平行・四角形

垂直・平行

２本の直線が交わってできる角が直角のとき，この２本の直線は，垂直であるといいます。１本の直線に垂直な２本の直線は，平行であるといいます。

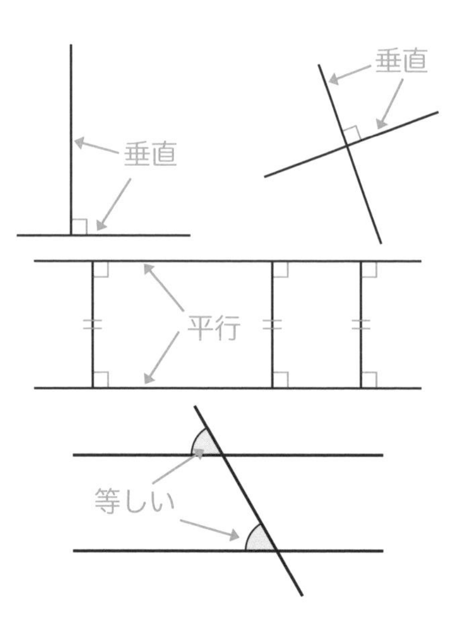

大切 **平行な２本の直線のはばは，どこも等しい。平行な２本の直線は，どこまでのばしても交わらない。平行な２本の直線は，他の直線と等しい角度で交わる。**

四角形

向かい合う１組の辺が平行な四角形を，台形といいます。
向かい合う２組の辺が平行な四角形を，平行四辺形といいます。
４つの辺の長さがすべて等しい四角形を，ひし形といいます。

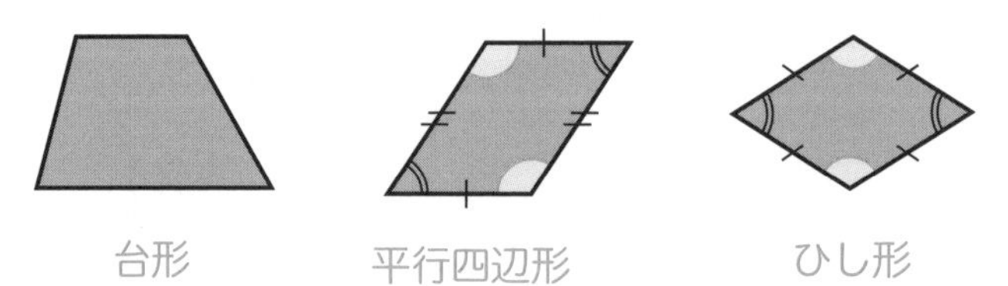

台形　　平行四辺形　　ひし形

大切 **平行四辺形の向かい合う辺の長さは等しく，向かい合う角の大きさは等しい。ひし形の向かい合う辺は平行で，向かい合う角の大きさは等しい。**

おうちの方へ

日常生活で，“垂直”や“平行”という言葉が出てくる機会は少ないかもしれませんが，垂直であるものや平行であるものは，たくさん見つけられます。たとえば，大学ノートなどの罫線は平行です。三角定規の直角の部分や分度器をあてて確認してみましょう。

例題１

右の図について，次の問題に答えましょう。

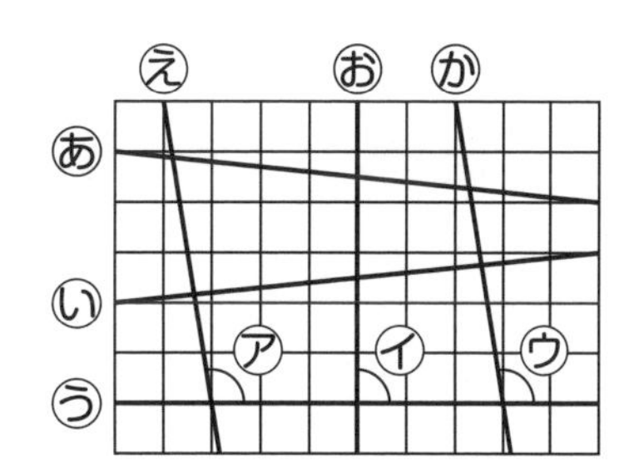

（１）　直線㋒に垂直な直線を答えましょう。

（２）　平行になっている直線を答えましょう。

（３）　等しい角を㋐，㋑，㋒から選びましょう。

（１）　直線㋒と直線㋔の交わっている角（㋑の角）は直角です。　（答え）直線㋔

（２）　直線㋓と直線㋕は，はばがどこも等しく，どこまでのばしても交わりません。　（答え）直線㋓と直線㋕

（３）　平行な２本の直線は，他の直線と等しい角度で交わるので，㋐の角と㋒の角は等しくなっています。　（答え）㋐の角と㋒の角

例題２

４つの辺の長さがすべて等しい四角形を，下の㋐から㋓までの中から全部選びましょう。

㋐　平行四辺形　　㋑　ひし形　　㋒　長方形　　㋓　正方形

㋐ 平行四辺形　㋑ ひし形　㋒ 長方形　㋓ 正方形

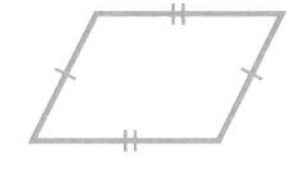
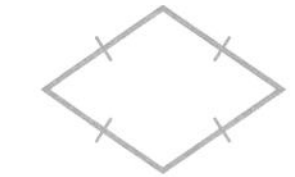
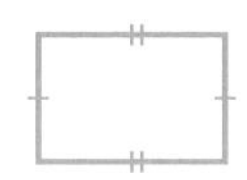
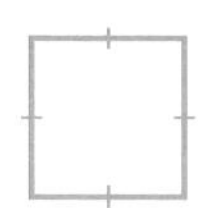

４つの辺の長さがすべて等しい四角形は，ひし形と正方形です。

（答え）　㋑，㋓

おうちの方へ　例題１（２）では，ます目を数えて平行かどうかを判断します。㋓は“右に１マスで，下に６マス”，㋕も“右に１マスで下に６マス”の直線なので，たがいに平行とわかります。それぞれの直線を１つずつ確認するよう声をかけてみてください。

練習問題 ・垂直・平行・四角形・

1 右の図について，次の問題に答えましょう。

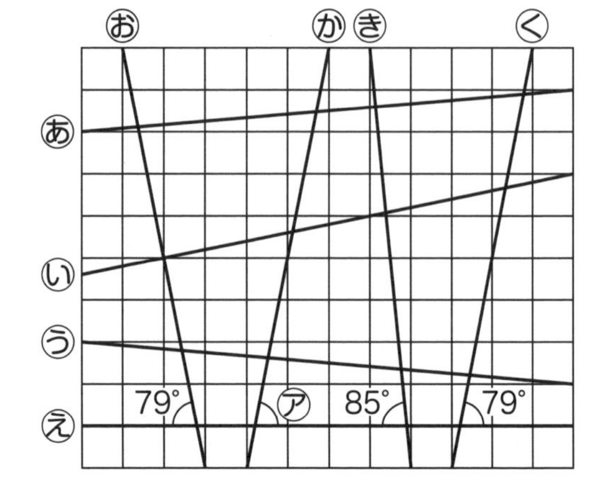

（1） 直線いに垂直な直線を答えましょう。

(答え)＿＿＿＿＿＿＿＿

（2） 平行になっている直線を答えましょう。

(答え)＿＿＿＿＿＿＿＿

（3） アの角の大きさは何度ですか。

(答え)＿＿＿＿＿＿＿＿

2 次の（1），（2）にあてはまる四角形を，下のあからおまでの中からそれぞれ全部選びましょう。

あ 台形　い 平行四辺形　う ひし形　え 長方形　お 正方形

（1） 向かい合う２組の辺が平行な四角形

(答え)＿＿＿＿＿＿＿＿

（2） 対角線が垂直に交わる四角形

(答え)＿＿＿＿＿＿＿＿

おうちの方へ ②は，あてはまる四角形が複数あります。P.68の四角形の特徴を見直しながら，あからおまでの四角形を１つずつ見ていきましょう。簡単にできたら，「４つの辺の長さが等しいのはどれ？」や「２つの対角線の長さが等しいのはどれ？」などと，問題を出してみてください。

答えは127ページ→

③ 右の図の平行四辺形について，次の問題に答えましょう。

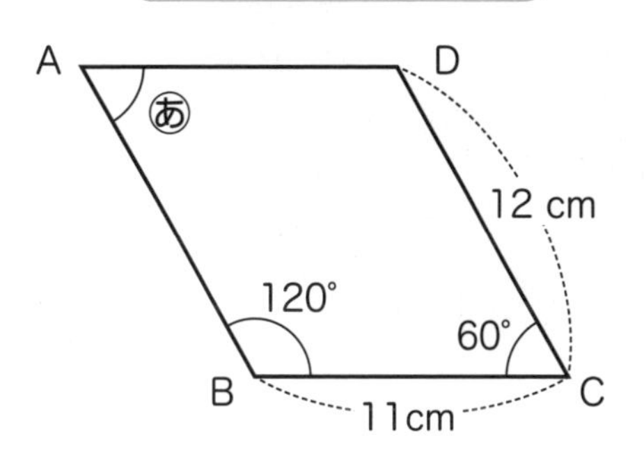

（1） 辺ABの長さは何cmですか。

(答え)＿＿＿＿＿＿＿＿

（2） 辺ADの長さは何cmですか。

(答え)＿＿＿＿＿＿＿＿

（3） ㋐の角の大きさは何度ですか。

(答え)＿＿＿＿＿＿＿＿

④ 右の図で，四角形ABCDは平行四辺形で，四角形ABFEはひし形です。次の問題に答えましょう。

A E D
あ
6cm
70°
B F C
10 cm

（1） 辺ADの長さは何cmですか。

(答え)＿＿＿＿＿＿＿＿

（2） 辺AEの長さは何cmですか。

(答え)＿＿＿＿＿＿＿＿

（3） ㋐の角の大きさは何度ですか。

(答え)＿＿＿＿＿＿＿＿

③と④は，平行四辺形やひし形の特徴を使って解く問題です。難しいようなら，P.68の四角形の特徴をもう一度確認してください。④は，四角形ABFEが平行四辺形であることがわかる必要があります。向かい合う２組の辺が平行であることに気づけるよう誘導してみましょう。

あみだくじ

右の図の，あからえまでをスタートして，通ったところに書いてある数をたして進むよ。進み方には，下の①から④までのきまりがあるよ。

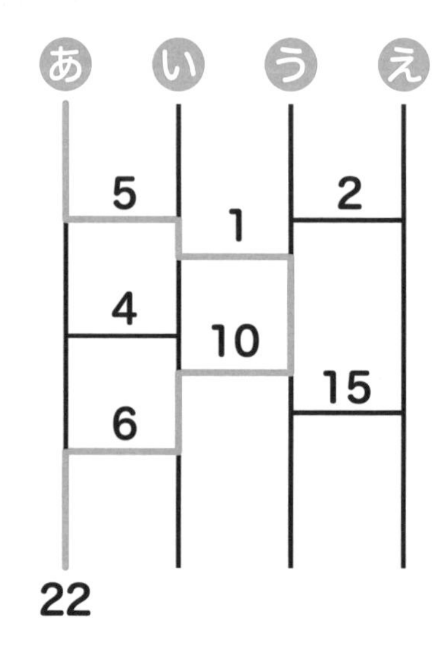

① たての線は，上から下へ進む。
② 下へ進んでいるとき，横の線があったら曲がって，線がある方向へ進む。
③ 横の線を進むときは，線の上の数をたす。
④ 横の線を進んでいるとき，たての線があったら曲がって，下へ進む。

これをくり返して，いちばん下まで進むよ。たとえばあからスタートするときは色のついた線を進んで，全部たした答えは，5＋1＋10＋6＝22になるよ。

問題1 いからスタートすると，全部たした答えはいくつになるかな。

問題2 全部たした答えが 13 になるのは，どこからスタートしたときかな。

答え

星と三角形

星の形の上に，10この◯があるよ。◯の中には，１から12までの数（7と11をのぞく）が１つずつ入るよ。直線の上にならぶ４つの◯の中の数をたした数がすべて同じになるように，◯に数を入れよう。同じ数は一度しか使えないよ。

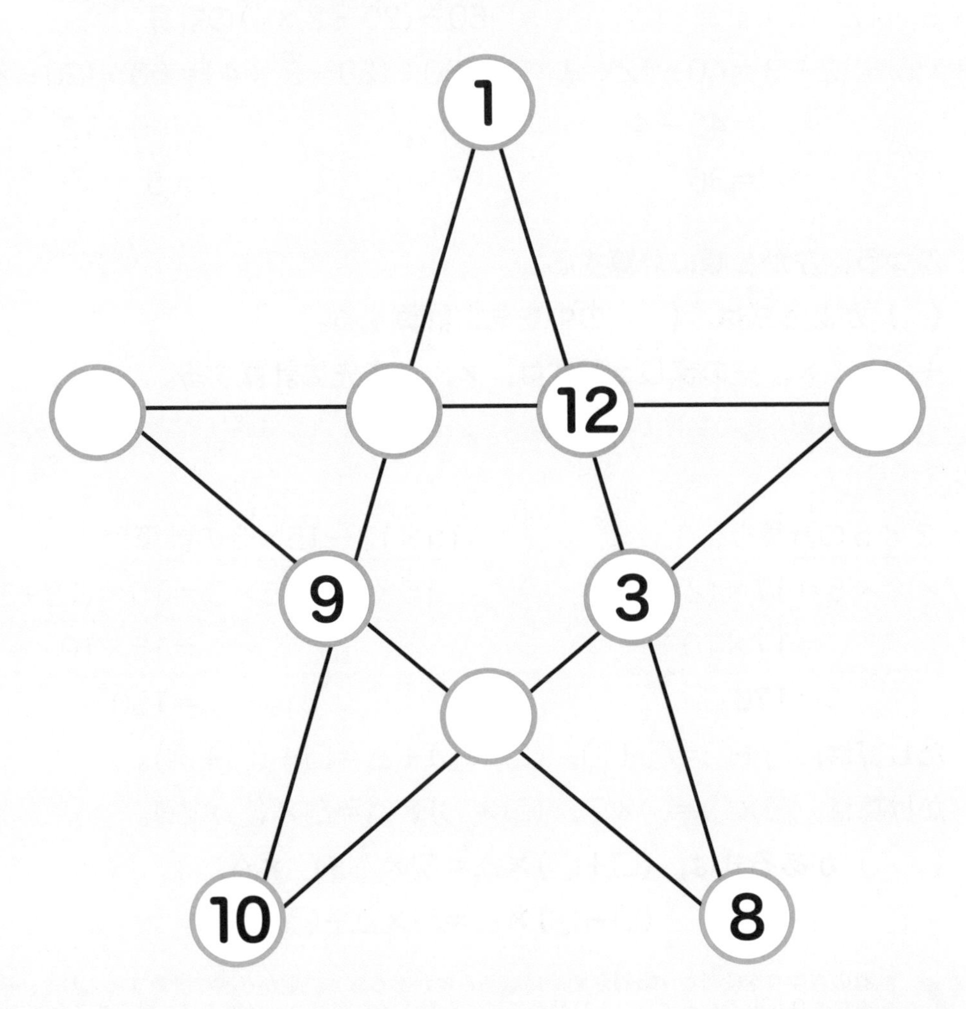

答えは 142 ページ

2-7 計算のきまり

計算の順じょ

19－9＋5の計算

19－9＋5＝10＋5
＝15

（① 19－9、② ＋5）

3×(2+4)の計算

3×(2＋4)＝3×6
＝18

（① 2＋4、② 3×）

8×5－12÷3の計算

8×5－12÷3＝40－12÷3
＝40－4
＝36

（① 8×5、② 12÷3、③ －）

60÷(20－2×4)の計算

60÷(20－2×4)＝60÷(20－8)
＝60÷12
＝5

（① 2×4、② 20－、③ 60÷）

大切 **ふつう，左から順に計算する。**
(　)がある式は，(　)の中を先に計算する。
＋，－，×，÷のまじった式は，×，÷を先に計算する。

計算のきまり

17×2×5の計算

17×2×5＝17×(2×5)
＝17×10
＝170

15×13－15×3の計算

15×13－15×3＝15×(13－3)
＝15×10
＝150

大切 **たし算は，□＋○＝○＋□，(□＋○)＋△＝□＋(○＋△)。**
かけ算は，□×○＝○×□，(□×○)×△＝□×(○×△)。
(　)がある式は，(□＋○)×△＝□×△＋○×△，
(□－○)×△＝□×△－○×△。

おうちの方へ　計算のきまりを使うと，計算が簡単になることがあります。前から順に計算するよりも，何十，何百など0が出てくるように入れ替えれば，計算する桁が減り，計算ミスも減らすことができます。一方で，“□－○”や“□÷○”では，□と○を入れ替えられないので注意しましょう。

例題１

次の計算をしましょう。

（１）　$32\div(15-7)$　　（２）　$20\div5+3\times4$

（３）　$27\times25\times4$

計算の順じょは
①かっこの中
②かけ算やわり算
③たし算やひき算
だよ。

（１）　$32\div(15-7)=32\div8$

$=4$　　　（答え）　４

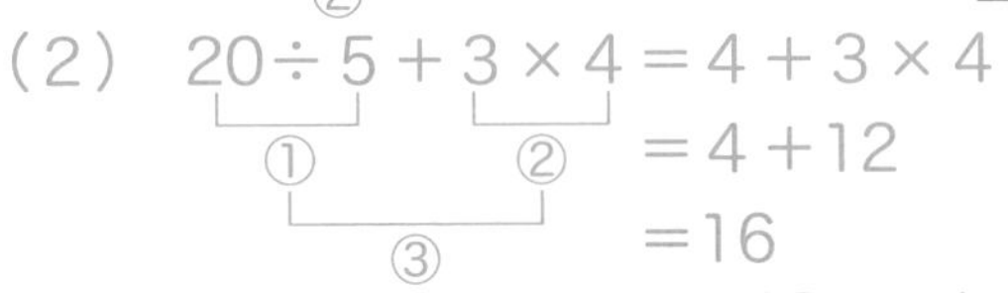

（２）　$20\div5+3\times4=4+3\times4$

$=4+12$

$=16$　　　（答え）　16

（３）　$(\square\times\bigcirc)\times\triangle=\square\times(\bigcirc\times\triangle)$を使います。

$27\times25\times4=27\times(25\times4)=27\times100=2700$　　（答え）2700

例題２

次の（１），（２）の場面に合う式を，下の㋐～㋒の中から選びましょう。

㋐　$50+30\times4$　　㋑　$50\times4+30$　　㋒　$(50+30)\times4$

（１）　１こ50円のラムネ１こと，１こ30円のキャラメルを４こ買うと，代金は何円ですか。

（２）　１こ50円のラムネ１こと，１こ30円のキャラメルを組にして４組買うと，代金は何円ですか。

（１）　１こ50円のラムネ１このねだんは50，１こ30円のキャラメル４このねだんは30×4なので，代金は，$50+30\times4$　　（答え）　㋐

（２）　１こ50円のラムネと１こ30円のキャラメルを組にすると，１組のねだんは$50+30$なので，４組の代金は，$(50+30)\times4$　　（答え）　㋒

おうちの方へ　例題２は，場面に合う式を選ぶ問題になっていますが，その式に合う場面を考える活動をしてもよいでしょう。㋑の式は，“１こ50円のラムネ４こと，１こ30円のキャラメル１こを買う”という場面を考えることができます。

練習問題 ・● 計算のきまり ●・

1 次の計算をしましょう。

（1） $32+18\times 3$

（答え）＿＿＿＿＿＿

（2） $54\div(10-4)\times 7$

（答え）＿＿＿＿＿＿

（3） $16\times(15+45\div 9)$

（答え）＿＿＿＿＿＿

（4） $34\times 26+34\times 74$

（答え）＿＿＿＿＿＿

2 次の（1）から（3）までの場面に合う式を，下の㋐から㋓までの中から選びましょう。

㋐ $380\times 5+120$　　㋑ $380+120\times 5$

㋒ $380+120$　　㋓ $(380+120)\times 5$

（1） 1こ380円のケーキ５こを，120円の箱に入れて買うと，代金は何円ですか。

（答え）＿＿＿＿＿＿

（2） 1こ380円のケーキ1こと，1本120円のジュースを５本買うと，代金は何円ですか。

（答え）＿＿＿＿＿＿

（3） 1こ380円のケーキ1こ，1本120円のジュースを組にして５組買うと，代金は何円ですか。

（答え）＿＿＿＿＿＿

①で，間違いが多い場合は，計算する前に順番を確認するように促しましょう。「この式でいちばん初めに計算するのはどこ？次はどこ？」と聞き，P.74の解説のように，順番をメモしてから計算を始めてもよいでしょう。

答えは128ページ

3　右の図の●の数を，それぞれ（1），（2）の式で求めました。どのように考えて求めたか，下の㋐から㋒までの中から1つずつ選びましょう。

㋐　㋑

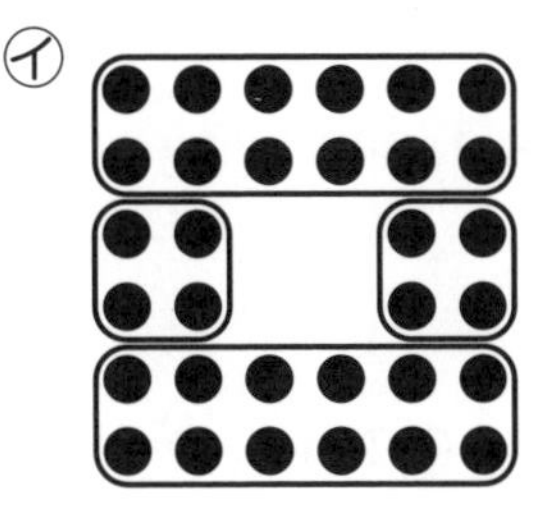

㋒

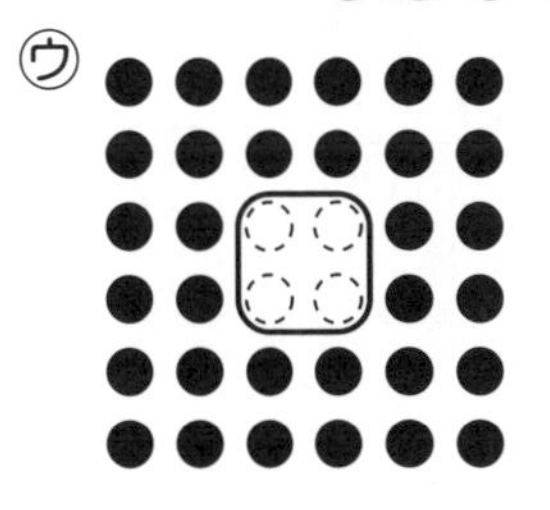

（1）　6×6－2×2

(答え)＿＿＿＿＿＿＿＿

（2）　4×2×4

(答え)＿＿＿＿＿＿＿＿

4　次の（1），（2）は，計算のきまりを使って，くふうして計算しています。どのきまりを使っていますか。下の㋐から㋕までの中から1つずつ選びましょう。

㋐　□＋○＝○＋□

㋑　□×○＝○×□

㋒　(□＋○)＋△＝□＋(○＋△)

㋓　(□×○)×△＝□×(○×△)

㋔　(□＋○)×△＝□×△＋○×△

㋕　(□－○)×△＝□×△－○×△

（1）　12×25×4＝12×(25×4)
　　　　　　　＝12×100
　　　　　　　＝1200

(答え)＿＿＿＿＿＿＿＿

（2）　99×34＝(100－1)×34
　　　　　　＝100×34－1×34
　　　　　　＝3400－34
　　　　　　＝3366

(答え)＿＿＿＿＿＿＿＿

おうちの方へ
③は，㋐，㋑，㋒以外にも分け方があります。分け方を考えるとともに，（1），（2）で選ばなかった選択肢の式も含めて，式を考えてみるように促してください。別の紙に●をかいて囲みながら考えてもよいですし，おはじきなどを並べて考えてもよいでしょう。

2-8 小数のたし算とひき算

小数のしくみ

5.184のような小数では，小数点から右の位を順に，小数第１位$\left(\frac{1}{10}\text{の位}\right)$，小数第２位$\left(\frac{1}{100}\text{の位}\right)$，小数第３位$\left(\frac{1}{1000}\text{の位}\right)$といいます。

5．1 8 4
↑ 一の位
↑ 小数第１位
↑ 小数第２位
↑ 小数第３位

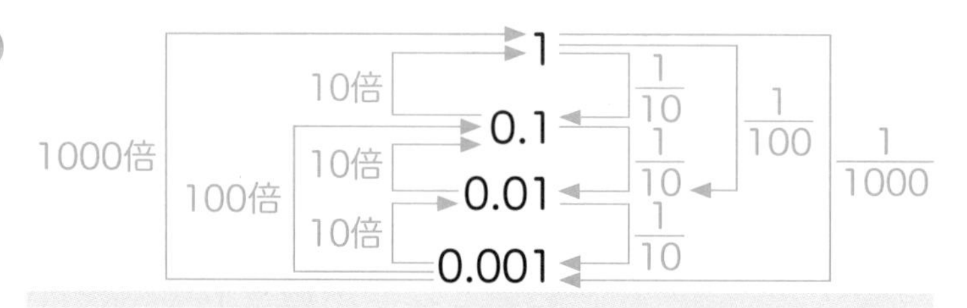

小数の計算

2.56＋1.33の計算

筆算をします。

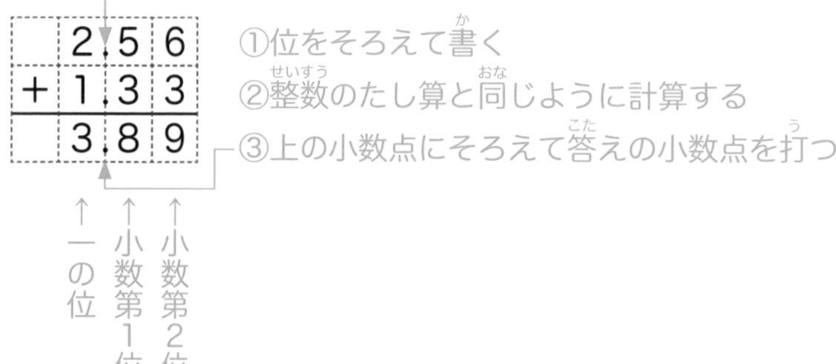

大切 **小数の計算は，位をそろえて計算する。**

３年生の内容である，小数の表し方や小数の意味も，もう一度確認してください。0.1は１を10等分した１つ分の大きさを，0.01は0.1を10等分した１つ分の大きさを表しています。教科書や参考書を使って思い出しておきましょう。

例題１

右の数直線で，あ，いの目もりが表す数を答えましょう。

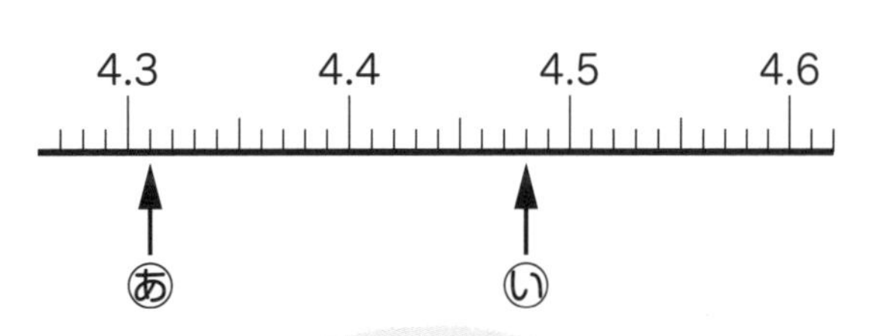

いちばん小さい１目もりは，0.01を表しています。あは，4.3と，0.01が１こなので，合わせて4.31です。いは，4.4と0.01が８こなので，合わせて4.48です。

いちばん小さい１目もりは，0.1を10等分しているね。

（答え）あ　4.31，い　4.48

例題２

赤いリボンが3.67m，青いリボンが2.8mあります。リボンの長さは合わせて何mですか。

3.67（赤いリボンの長さ）＋ 2.8（青いリボンの長さ）＝ 6.47（合わせた長さ）

```
   1
  3.6 7
+ 2.8 0 ←2.8を2.80と考えて計算する
  6.4 7
```

（答え）　6.47m

例題３

ジュースが3.2Lあります。0.35L飲みました。ジュースは何L残っていますか。

3.2（はじめのジュースの量）－ 0.35（飲んだジュースの量）＝ 2.85（残りのジュースの量）

```
  2 1
  3.2 0 ←3.2を3.20と考えて計算する
- 0.3 5
  2.8 5
```

（答え）　2.85L

おうちの方へ　整数同士の計算と同様，小数同士の計算でも，同じ位どうしで計算をします。筆算を書くときは，小数点で揃えて書くことになります。例題２のように，小数第２位までの小数と小数第１位までの小数のたし算など，小数点以下の桁数が違うときは注意が必要です。

練習問題 小数のたし算とひき算

1 次の□にあてはまる数を書きましょう。

（1） 6.3は0.1を□こ集めた数です。

(答え)

（2） 0.1を4こと0.01を7こ合わせた数は□です。

(答え)

2 次の計算をしましょう。

（1） 5.8+6.5

(答え)

（2） 8.4−7.9

(答え)

3 次の計算をしましょう。

（1） 2.6+5.48

(答え)

（2） 5 −4.52

(答え)

おうちの方へ
③は，小数と整数が含まれる計算です。初めはP.78のようなマス目をかいたり，方眼紙を使ったりしてもよいです。小数点を揃えて書く練習をしましょう。整数は，一の位の後ろに小数点が隠れていて，小数第1位以下にずっと0がつくということを押さえておきましょう。

答えは129ページ

4 お茶がポットに3.5L，やかんに1.85L入っています。次の問題に答えましょう。

（1） ポットとやかんのお茶を合わせると，何Lですか。

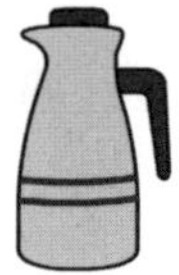

(答え)

（2） ポットのお茶は，やかんのお茶より何L多いですか。

(答え)

5 はり金が８mあります。工作をするのに，りくさんが3.76m，弟が2.87m使いました。次の問題に答えましょう。

（1） りくさんが使ったはり金は，弟が使ったはり金より何m長いですか。

(答え)

（2） 残ったはり金の長さは何mですか。

(答え)

おうちの方へ 日常生活の中では，④のような，ポットややかん，鍋などの容量や，靴のサイズなどで小数の表示を見ることはありますが，計算することは少ないかもしれません。見かけたときは，「どっちが多く入るかな？」などと声をかけ，小数を身近に感じられる工夫をしてみてください。

2-9 小数のかけ算とわり算

小数のかけ算

3.4×13の計算　0.1が34こ集まったものが13あると考えます。

```
   3.4         3.4         3.4
 × 1 3       × 1 3       × 1 3
─────       ─────       ─────
             1 0 2       1 0 2
             3 4         3 4
            ─────       ─────
             4 4 2       4 4.2
```

小数点を考えないで，右にそろえて書く → 整数と同じように計算する → かけられる数の小数点にそろえて，積の小数点を打つ

大切　**小数×整数は，0.1や0.01をもとにして考える。**

小数のわり算

8.7÷3の計算　0.1が87こ集まったものを３つに等分すると考えます。

```
                2 9          2.9
3)8.7  →   3)8.7   →   3)8.7
             6            6
            ───          ───
             2 7          2 7
             2 7          2 7
            ───          ───
               0            0
```

小数点を考えないで，整数と同じように計算する → わられる数の小数点にそろえて，商の小数点を打つ

3.8÷４の計算

```
               9          9 5            0.9 5
4)3.8  →  4)3.8  →  4)3.8      →   4)3.8
            3 6        3 6            3 6
           ───        ─────          ─────
              2          2 0            2 0
                         2 0            2 0
                        ─────          ─────
                           0              0
```

0をつけたして，わり算を続ける → わられる数の小数点にそろえて，商の小数点を打つ

大切　**わられる数の小数点にそろえて，商の小数点を打つ。**

おうちの方へ　小数のかけ算，わり算は基本的に整数と同じように計算を進めます。小数のかけ算は，面積や体積の内容で出てくることもありますし，円の学習内容では必ず出てくる計算です。内容がわかっていても計算で間違えてしまうことがないよう，ここで計算を定着させておきましょう。

例題１

次(つぎ)の計算をしましょう。

（１） 4.8× 5　　（２） 0.56×38

（１）
```
   4.8
×   5
------
 2 4.0
```
小数点より下の最後(さいご)の０は消(け)す

(答え) 24

（２）
```
   0.5 6
×   3 8
--------
   4 4 8
 1 6 8
--------
 2 1.2 8
```

(答え) 21.28

積に小数点を打つのをわすれないようにしよう。

例題２

26.9÷６の答えを，次の方法(ほうほう)で求(もと)めましょう。

（１） 商は一の位(くらい)まで求めて，あまりも出しましょう。

（２） 商を上から２けたのがい数で求めましょう。

（１）
```
      4
  ┌────
 6)2 6.9
   2 4
  ─────
    2.9
```
商は一の位まで求める

あまりの小数点は，わられる数の小数点にそろえて打つ

(答え) ４あまり2.9

（２）
```
       5
     4.4 8
  ┌───────
 6)2 6.9
   2 4
  ───────
     2 9
     2 4
  ───────
       5 0
       4 8
  ───────
         2
```
上から３けためを四捨五入する

０をつけたして，わり算を続ける

(答え) 4.5

おうちの方へ

例題２（１）のように，あまりを求めるように指示のある問題では，指定された桁まで商を求めたら，その後の数はすべてあまりになります。かけ算で検算すると，“６×４＝24”で，“26.9−24＝2.9”となるので，あまりの小数点の位置に納得がいくのではないでしょうか。

練習問題 ・● 小数のかけ算とわり算 ●・

1 次の計算をしましょう。

（1） 6.4×38

（2） 2.96×54

(答え)

(答え)

2 次の問題に答えましょう。

（1） 55.2÷16の計算を，わりきれるまで計算しましょう。

(答え)

（2） 92.6÷23の計算をしましょう。商は一の位まで求めて，あまりも出しましょう。

(答え)

（3） 39.9÷15の計算をしましょう。商は上から２けたのがい数で求めましょう。

(答え)

おうちの方へ
②では，（1），（2），（3）で答えの出し方の指示が違います。計算をどんどん進めてしまっている場合は，「ずっとわれるね。問題ではどこの位までって書いてあった？」ともう一度問題文をよく読むように促しましょう。今後も気を付けるように話してもよいでしょう。

答えは130ページ→

③ 長さが37.5mのはり金があります。次の問題に答えましょう。

（１） このはり金が24本あるとき，はり金の長さは全部で何mですか。

(答え)

（２） 37.5mのはり金１本を，４mずつに切ります。４mのはり金は何本できて，何mあまりますか。

(答え)

④ ゆうきさんの体重は33.6kgで，弟の体重は16.8kgです。また，お父さんの体重は弟の体重の５倍です。次の問題に答えましょう。

（１） お父さんの体重は何kgですか。

(答え)

（２） ゆうきさんの体重は，お父さんの体重の何倍ですか。

(答え)

おうちの方へ ③（２）は，４mずつに切ったはり金の本数を求めるので，商は整数になります。その先までわり算を進めている場合は，「商はどこまで求めればよいのかな？」と聞いてみましょう。答えられないようなら，「何本できますかってことは，どういうことかな？」と声をかけましょう。

2-10 面積

面積の求め方

広さのことを面積といい，１辺が１cmの正方形や１辺が１mの正方形が何こ分あるかで表します。

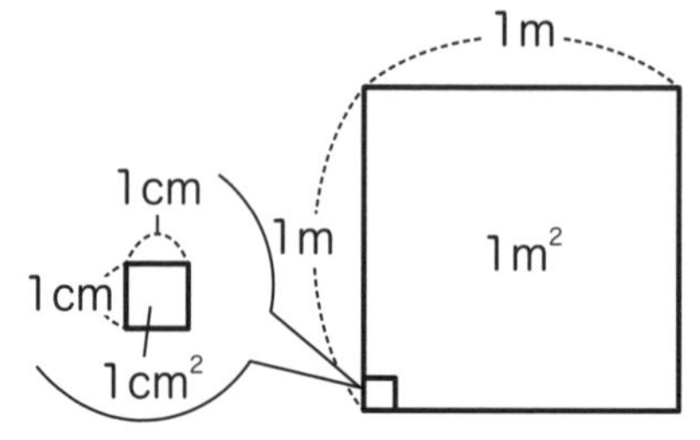

１辺が１cmの正方形の面積を１cm^2（１平方センチメートル）といいます。

１辺が１mの正方形の面積を１m^2（１平方メートル）といいます。

右の図は，たてが３cm，横が５cmの長方形です。

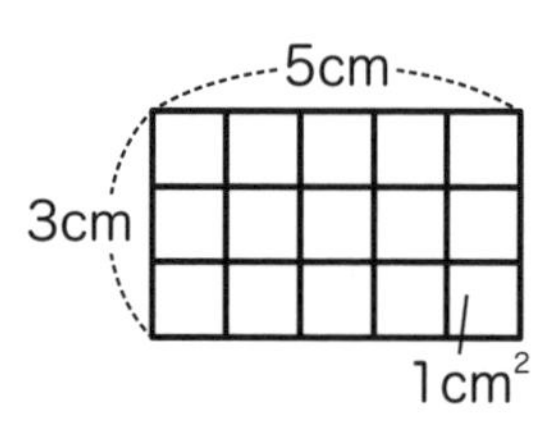

この長方形は，１辺が１cmの正方形がたてに３こ，横に５こで，全部で15こあります。

この長方形の面積は，15cm^2です。

大切 **長方形の面積＝たて×横，正方形の面積＝１辺×１辺。**

面積の単位

面積の単位は，長さの単位をもとにしてつくられています。

10倍　10倍　10倍　10倍　10倍

１辺の長さ	１cm	10cm	１m	10m	100m	１km
正方形の面積	１cm^2	100cm^2	１m^2	100m^2（１a）	10000m^2（１ha）	１km^2

100倍　100倍　100倍　100倍　100倍

大切 **１m^2＝10000cm^2，1a＝100m^2，1ha＝10000m^2，１km^2＝1000000m^2。**

１年生で比べていた広さを，４年生では面積といい，具体的な数値と単位で表すことを学びます。“m^2”や“a”などの単位は，他の単位と同じように普遍単位です。解説にもありますが，面積の単位は長さの単位を基にしているので，長さの単位も併せて復習しておきましょう。

例題１

次の図形の面積は，それぞれ何cm^2ですか。図形の角は全部直角です。

（１）　長方形

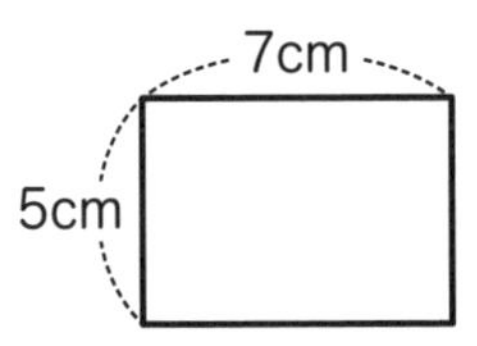

（２）　正方形

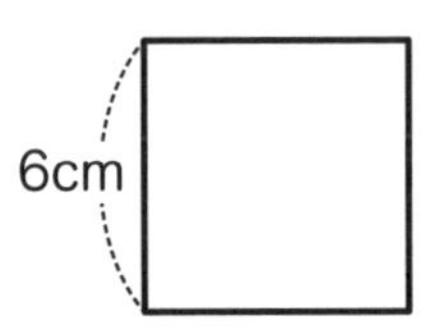

（１）　長方形の面積＝たて×横なので，　$5\times7=35$　（答え）　$35cm^2$

（２）　正方形の面積＝１辺×１辺なので，　$6\times6=36$　（答え）　$36cm^2$

例題２

次の□にあてはまる数を求めましょう。

（１）　$6m^2=\square cm^2$　　（２）　$700m^2=\square a$

（１）　$1m^2$は１辺が１ｍの正方形の面積です。$1m=100cm$，$1m^2=10000cm^2$なので，$6m^2=60000cm^2$です。

1m (100cm)　1m (100cm)　$1m^2$ ($10000cm^2$)

（答え）　60000

面積の単位の関係を考えるときは，正方形の１辺の長さと面積を考えるとわかりやすいね。

（２）　1aは１辺が10mの正方形の面積です。$100m^2=1a$なので，$700m^2=7a$です。

（答え）　7

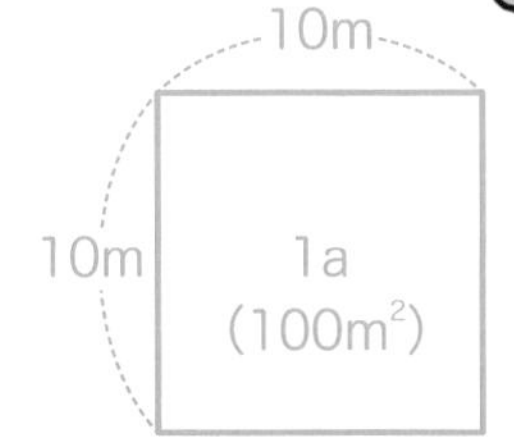

おうちの方へ　“a”と“ha”は，田畑や山林の面積など，広い土地の面積を表すときに使われることが多い単位です。$1m^2$と$1km^2$の間に100万倍の違いがあることに加え，尺貫法という日本古来の単位で表す面積“１町”が１haとほぼ等しいため，日本ではよく使われています。

練習問題 ・● 面積 ●・

1 次の図形の面積は，それぞれ何cm²ですか。

（1） 正方形

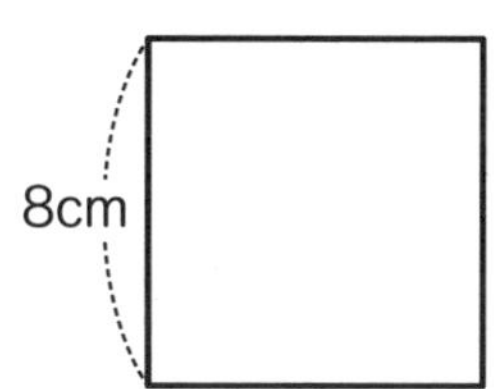

（2） 長方形

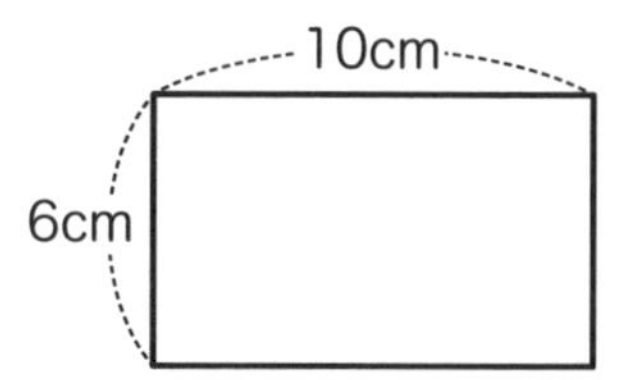

（答え）＿＿＿＿＿＿＿＿

（答え）＿＿＿＿＿＿＿＿

2 次の図形の色をぬった部分の面積は，それぞれ何cm²ですか。図形の角は全部直角です。

（1）

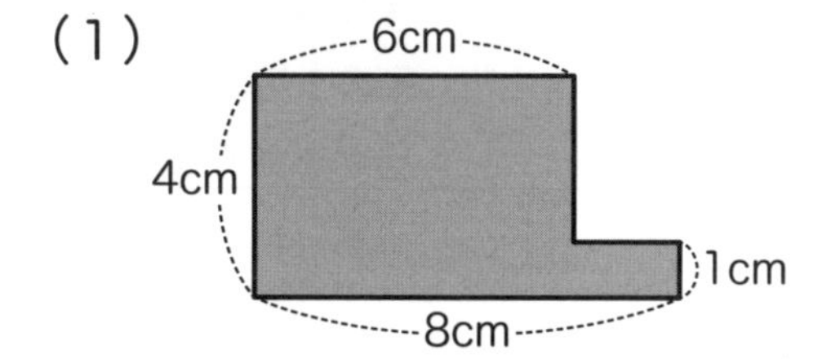

（2）

12cm
10cm
4cm
4cm

（答え）＿＿＿＿＿＿＿＿

（答え）＿＿＿＿＿＿＿＿

②（1）は，２つの長方形に分けて考えても，大きい長方形の面積から小さい長方形の面積をひいてもよいです。どちらも図に線や長さをかき込みながら解くと，間違いを減らすことができます。１つの考え方で解けたら，「他にも解き方がありそうだよ」と声をかけてみてください。

答えは 131 ページ

3 次の□にあてはまる数(かず)を書(か)きましょう。

（1） 4ha＝□m^2　　（2） 8000000m^2＝□km^2

(答え)　　(答え)

4 図１は，たて15m，横(よこ)25mの長方形の形(かたち)をした畑(はたけ)です。次の問題(もんだい)に答(こた)えましょう。

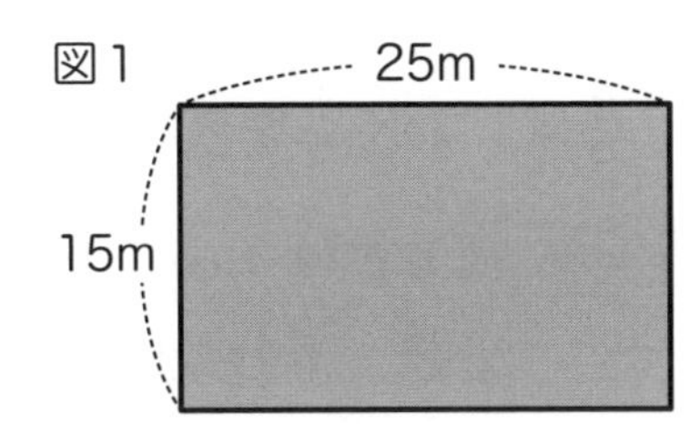

（1） 畑の面積は何m^2ですか。

(答え)

（2） 図２のように，図１の畑に，はば２mの長方形の道(みち)を作(つく)りました。道をのぞいた部分の面積は何m^2ですか。

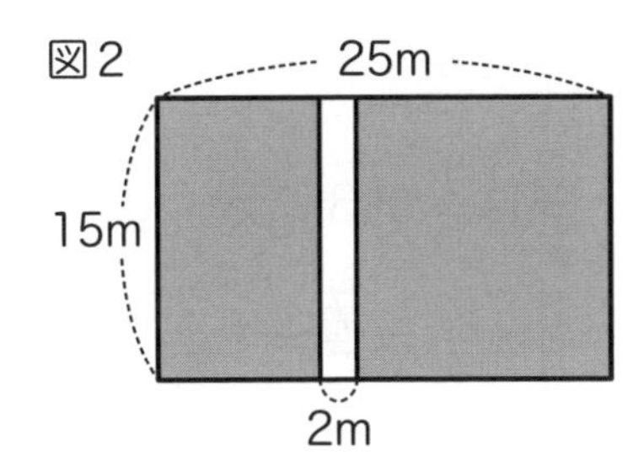

(答え)

5 右の図の長方形の横の長さは20cmで，面積は320cm^2です。たての長さは何cmですか。

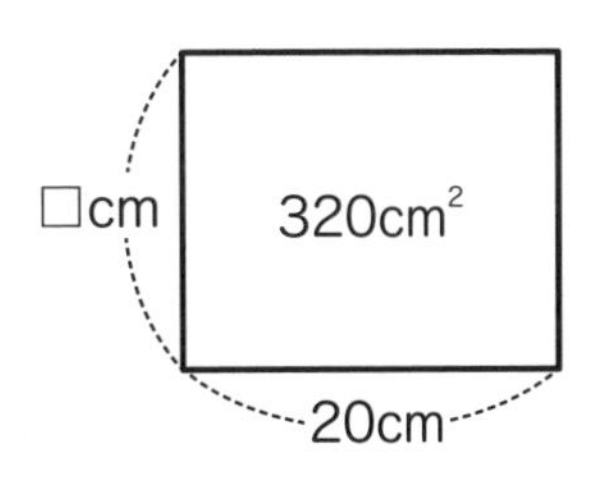

(答え)

おうちの方へ　簡単に解けるようになったら，身近なものの面積を求めてみましょう。お菓子の箱やテーブルなどから正方形や長方形の面を探し，辺の長さを測ります。辺の長さが○cm△mmになったら小数にして，面積を計算しましょう。この活動で，いくつもの算数の学習内容を復習できます。

2-11 分数

分数の表し方

1を3等分したとき，その1こ分の大きさは$\frac{1}{3}$，2こ分の大きさは$\frac{2}{3}$，3こ分の大きさは$\frac{3}{3}$，4こ分の大きさは$\frac{4}{3}$です。$\frac{3}{3}$は1と等しいです。

0　1　2
$\frac{1}{3}$　$\frac{2}{3}$　$\frac{3}{3}$　$\frac{4}{3}$　$\frac{5}{3}$　$\frac{6}{3}$

$\frac{4}{3}$は，1と$\frac{1}{3}$を合わせた大きさなので，$1\frac{1}{3}$と表すこともできます。

大切　**真分数は1より小さい分数，仮分数は1と等しい，または1より大きい分数，帯分数は整数と真分数の和の形になっている分数。**

分数の計算

$\frac{3}{5}+\frac{4}{5}$の計算

$\frac{3}{5}$は$\frac{1}{5}$が3こ分，$\frac{4}{5}$は$\frac{1}{5}$が4こ分なので，$\frac{1}{5}$が7こ分になります。

$\frac{3}{5}+\frac{4}{5}=\frac{7}{5}=1\frac{2}{5}$

$1\frac{4}{7}+2\frac{2}{7}$の計算

整数部分どうし，分数部分どうしでたし算すると，$1\frac{4}{7}+2\frac{2}{7}=3\frac{6}{7}$

帯分数を仮分数になおして計算すると，$1\frac{4}{7}+2\frac{2}{7}=\frac{11}{7}+\frac{16}{7}=\frac{27}{7}=3\frac{6}{7}$

大切　**分母が同じ分数のたし算とひき算は，分母はそのままで，分子どうしを計算する。**

おうちの方へ
分数にはいくつも意味があります。$\frac{5}{6}$を例とします。①具体的な物，ケーキなどを6等分したものの5つ分の大きさを表す（分割分数），②$\frac{5}{6}$mなど，長さなどを測ったときの大きさを表す（量分数），③1を6等分したものの$\frac{1}{6}$の5つ分の大きさを表す（単位分数）などです。P.91に続く

例題１

$\frac{13}{5}$，$2\frac{1}{5}$，３を小さい順に書きましょう。

仮分数にそろえてくらべます。

$2\frac{1}{5}$は$\frac{1}{5}$が（5×2＋1）こ分なので，$2\frac{1}{5}=\frac{11}{5}$

3は$\frac{1}{5}$が（5×3）こ分なので，$3=\frac{15}{5}$

$\frac{13}{5}$，$\frac{11}{5}$，$\frac{15}{5}$を小さい順にならべると，$\frac{11}{5}$，$\frac{13}{5}$，$\frac{15}{5}$なので，$2\frac{1}{5}$，$\frac{13}{5}$，3です。

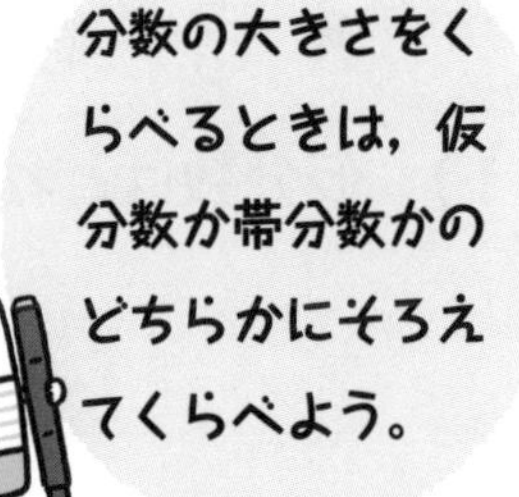

［別のとき方］帯分数にそろえてくらべます。

$\frac{13}{5}=2\frac{3}{5}$です。$2\frac{3}{5}$，$2\frac{1}{5}$，3を小さい順にならべると，$2\frac{1}{5}$，$2\frac{3}{5}$，3です。

（答え）$2\frac{1}{5}$，$\frac{13}{5}$，3

例題２

$3\frac{1}{9}-1\frac{2}{9}$の計算をしましょう。

整数部分どうし，分数部分どうしをひき算すると，

$3\frac{1}{9}-1\frac{2}{9}=2\frac{10}{9}-1\frac{2}{9}=1\frac{8}{9}$

［別のとき方］帯分数を仮分数になおして計算します。

$3\frac{1}{9}-1\frac{2}{9}=\frac{28}{9}-\frac{11}{9}=\frac{17}{9}=1\frac{8}{9}$

（答え）$1\frac{8}{9}$

おうちの方へ ④“AはBの$\frac{5}{6}$の大きさ”のようにBの大きさを１と決めたときのAの大きさの割合を表す（割合分数），⑤“5÷6”の答えを表す（商分数）などです。④と⑤は５年生の内容です。

練習問題 ・●分数●・

1 下の㋐から㋕までの分数について，次の問題に記号で答えましょう。

㋐ $\frac{5}{2}$　㋑ $1\frac{2}{5}$　㋒ $2\frac{2}{5}$　㋓ $\frac{7}{2}$　㋔ $\frac{2}{5}$　㋕ $1\frac{1}{2}$

（1） 仮分数はどれですか。あてはまるものを全部選びましょう。

(答え)＿＿＿＿＿＿＿＿

（2） $\frac{7}{5}$と大きさの等しい分数はどれですか。

(答え)＿＿＿＿＿＿＿＿

（3） いちばん大きい分数はどれですか。

(答え)＿＿＿＿＿＿＿＿

2 次の計算をしましょう。

（1） $\frac{5}{11}+\frac{3}{11}$

(答え)＿＿＿＿＿＿＿＿

（2） $1-\frac{7}{8}$

(答え)＿＿＿＿＿＿＿＿

（3） $\frac{5}{9}+1\frac{8}{9}$

(答え)＿＿＿＿＿＿＿＿

（4） $3\frac{2}{5}-2\frac{4}{5}$

(答え)＿＿＿＿＿＿＿＿

おうちの方へ
分母が異なる帯分数や仮分数の大きさ比べるときは，仮分数を帯分数になおします。5年生では，さらに帯分数を通分して分母を同じ数にする，というステップを学びます。①（3）では，仮分数を帯分数にする練習です。

答えは 133 ページ

3 大きい箱と小さい箱があります。大きい箱の重さは$1\frac{4}{11}$kg，小さい箱の重さは$\frac{9}{11}$kgです。次の問題に答えましょう。

（1） 2つの箱の重さは，合わせて何kgですか。

(答え) ＿＿＿＿＿＿＿＿

（2） 大きい箱に，すいかを入れて重さをはかったところ，$3\frac{1}{11}$kgになりました。すいかの重さは何kgですか。

(答え) ＿＿＿＿＿＿＿＿

4 長さが$3\frac{5}{7}$mのリボンがあります。あいこさんが$1\frac{4}{7}$m，なつみさんが$\frac{6}{7}$m使いました。次の問題に答えましょう。

（1） あいこさんとなつみさんが使ったリボンは，合わせて何mですか。

(答え) ＿＿＿＿＿＿＿＿

（2） あいこさんとなつみさんが使ったあと，残ったリボンは何mですか。

(答え) ＿＿＿＿＿＿＿＿

おうちの方へ
分数の問題を自作するときは，約分できる分数が式に入らないように気を付けましょう。たとえば，6を分母にすると$\frac{2}{6}$，$\frac{3}{6}$，$\frac{4}{6}$は，それぞれ$\frac{1}{3}$，$\frac{1}{2}$，$\frac{2}{3}$に約分できます。約分は5年生で学習するので，答えが約分できる場合でも，約分なしで正解としましょう。

2 - 12 変わり方

まわりの長さが20cmの長方形の，たての長さと横の長さをまとめます。

たての長さ　(cm)	1	2	3		
横の長さ　　(cm)	9	8	7		

右の長方形のように，たての長さが4cmのとき，横の長さは6cmです。

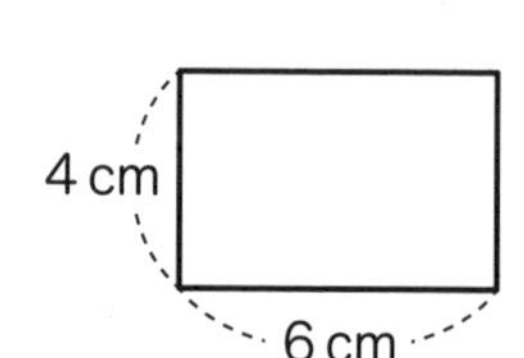

たての長さ　(cm)	1	2	3	4	…
横の長さ　　(cm)	9	8	7	6	…
	10	10	10	10	

たての長さと横の長さの和は，いつも10になっています。たての長さを○cm，横の長さを□cmとして，○と□の関係を式に表すと，

○　＋　□　＝　10
たての長さ　　横の長さ

となります。

この式を使うと，たての長さが8cmのときの，横の長さを求めることができます。

○に8をあてはめると，

8　＋　□　＝　10

で，□にあてはめる数を求めると，□は2なので，横の長さは2となります。

大切　**数を表にまとめたり，式で表したりすることで，変わり方を調べることができる。**

おうちの方へ　変わり方は，6年生や中学校で学ぶ比例と反比例や，中学校で学ぶ1次関数につながる学習内容です。まずは，表を正確に読み取れることを目指します。解説の表にあるように，“○○が△だけ増える（減る）と，それに伴って□□が◇だけ増える（減る）”という関係を見つけましょう。

例題１

下の表は，16まいの折り紙を，れいさんと妹の２人で分けるときの，れいさんのまい数を○まい，妹のまい数を□まいとして，その関係を表したものです。

れいさんのまい数　○（まい）	1	2	3	4	5	6	7
妹のまい数　□（まい）	15	14	13	12	11	10	9

れいさんのまい数と妹のまい数を○と□の式に表しましょう。

れいさんのまい数と妹のまい数の和はいつも16になっているので，

○＋□＝16

（答え）○＋□＝16

例題２

下の表は，水そうに毎分５Lの水を入れていったときの，時間を○分，水のかさを□Lとして，その関係を表したものです。

時間　○（分）	1	2	3	4	5
水のかさ　□（L）	5	10	15	20	25

表をよく見て，きまりを見つけよう。

（１）　時間と水のかさを○と□の関係を式に表しましょう。

（２）　10分水を入れたときの水のかさは何Lですか。

（１）　表から，水のかさはいつも時間の５倍になっているので，○×５＝□

（答え）○×５＝□

（２）　○×５＝□の○に10をあてはめると，10×５＝□で，□＝50です。

（答え）　50L

おうちの方へ　表に表されていることがピンとこないようなら，例題１の状況を再現してみてください。紙を16枚用意して，「れいさんと妹で分けるよ。れいさんが１枚だと妹は15枚，れいさんが２枚だと？表に書いてあるとおりになるね」と声をかけてみてください。理解するきっかけを作りましょう。

練習問題 変わり方

1 下の表は，毎年４月１日のあおさんの年れいと弟の年れいをまとめたものです。次の問題に答えましょう。

あおさんの年れい　（才）	10	11	12	13	14	15	16
弟の年れい　（才）	7	8	9	10	㋐	12	13

（1）㋐にあてはまる数を求めましょう。

（答え）

（2）あおさんの年れいを○才，弟の年れいを□才として，○と□の関係を式に表しましょう。

（答え）

2 長さが14cmのろうそくがあります。さちさんは，下の表に，このろうそくに火をつけてから，ろうそくがなくなるまでの時間とろうそくの長さをまとめています。次の問題に答えましょう。

火をつけてからの時間（分）	1	2	3	4	5
ろうそくの長さ　（cm）	13	12	11	10	9

（1）火をつけてからの時間を○分，ろうそくの長さを□cmとして，○と□の関係を式に表しましょう。

（答え）

（2）火をつけてから９分後のろうそくの長さは何cmですか。

（答え）

おうちの方へ
表を読んで式に表すことに慣れてきたら，身の回りでも“伴って変わるもの”を探してみましょう。本を読むときの読んだページ数と残りのページ数，ペットボトルの飲み物を買うときの本数と重さなど，たくさんあります。見つけたら，一緒に表や式を作ってみましょう。

答えは134ページ

3 下の表は，正方形の１辺の長さを１cm，２cm，３cm，…と変えていったときの，まわりの長さをまとめたものです。次の問題に答えましょう。

１辺の長さ　(cm)	1	2	3	4	5	6
まわりの長さ　(cm)	4	8	12	16	㋐	24

（１）㋐にあてはまる数を求めましょう。　(答え)

（２）１辺の長さを○cm，まわりの長さを□cmとして，○と□の関係を式に表しましょう。　(答え)

4 右の図のように，１辺が１cmの正三角形をならべます。下の表は，だんの数を１だん，２だん，３だん，…とふやしていったときの，まわりの長さをまとめたものです。次の問題に答えましょう。

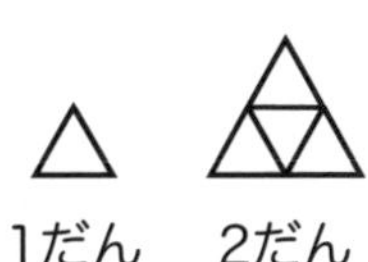
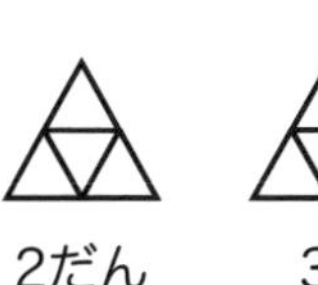
1だん　2だん　3だん　…

㋐	1	2	3	4	5	6
㋑	3					

（１）表の㋐，㋑にあてはまる言葉を答えましょう。

(答え) ㋐　　　　，㋑

（２）だんの数を○だん，まわりの長さを□cmとして，○と□の関係を式に表しましょう。　(答え)

（３）まわりの長さが27cmのときのだんの数を求めましょう。　(答え)

おうちの方へ
④（１）は，難しいようなら，図を見て考えるよう促してみてください。「表は１，２，３って変わっているね。図で１，２，３って変わっているのは何だろう」と声をかけましょう。解答ページと同じ言葉で答えていなくても，指しているものが合っていれば正解です。

2-13 立方体と直方体

立方体と直方体

長方形や，長方形と正方形でかこまれた形を直方体といいます。正方形だけでかこまれた形を立方体といいます。

直方体や立方体の全体の形がわかるようにかいた図を見取図といいます。

直方体や立方体を辺にそって切り開いて，平面の上に広げた図を展開図といいます。

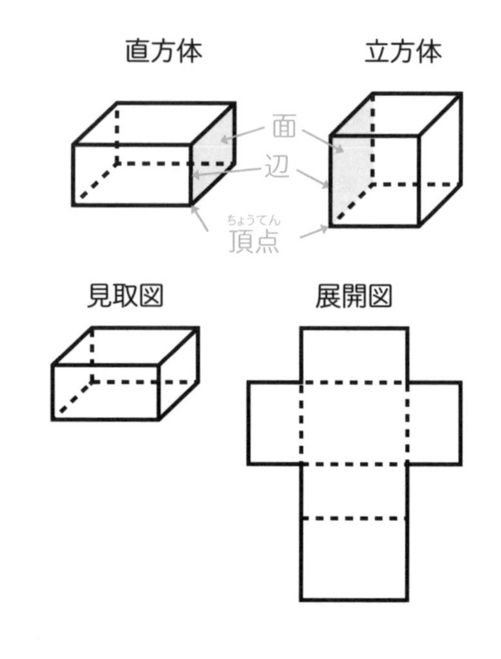

大切 **直方体や立方体では，向かい合う面は平行で，となり合う面は垂直。**

位置の表し方

右の図で，点イの位置は，点アから横に2，たてに3とよみとれるので，

点イの位置は点アをもとにすると

（横2，たて3）

と表すことができます。

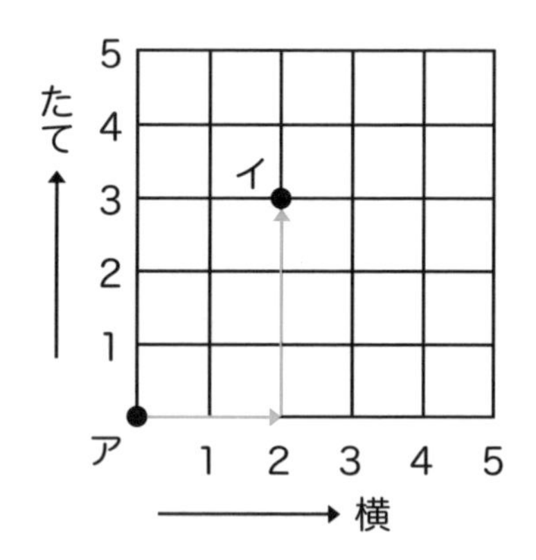

大切 **平面にあるものの位置は，2つの数の組で表すことができる。**

“箱の形”や“さいころの形”の呼び方が変わり，特徴をくわしく学習します。これまでに学習した，“長方形”や“正方形”でできた立体で，“辺”や“頂点”と呼ぶ箇所があり，“平行”や“垂直”の関係にあるところもあります。用語が正しく使えるように復習しましょう。

例題１

右の立方体について，次の問題に答えましょう。

（１）　辺ABに平行な辺を全部答えましょう。

（２）　下の図の中で，立方体の展開図として正しくないものはどれですか。１つ選びましょう。

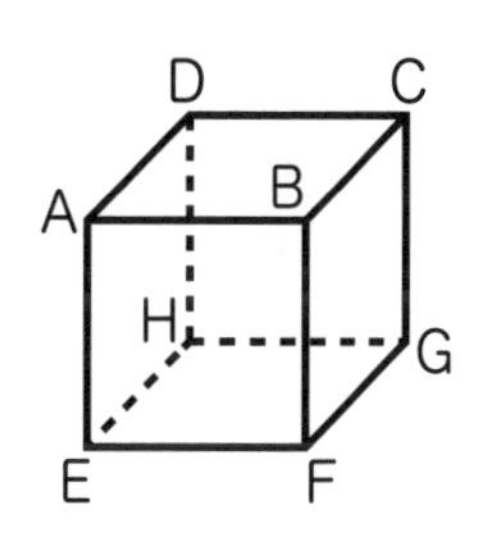

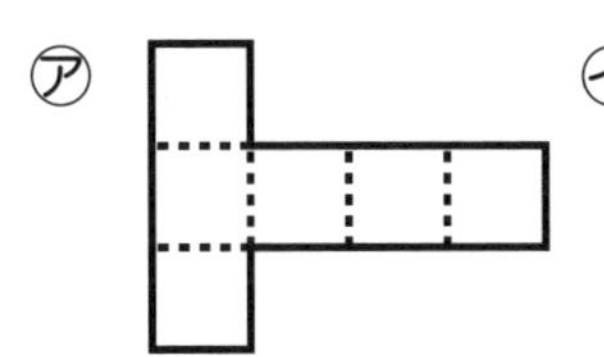

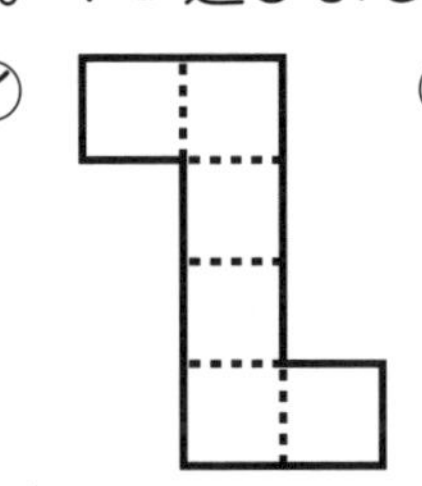

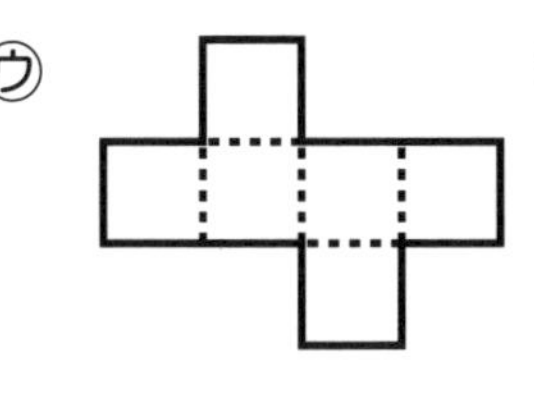

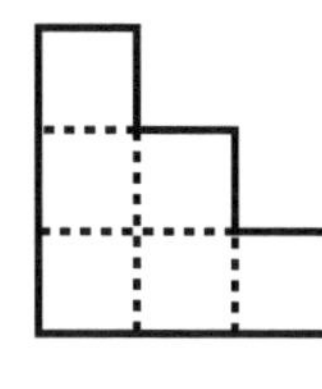

（１）　立方体の面は全部正方形です。正方形の向かい合う辺はたがいに平行です。　（答え）辺DC，辺EF，辺HG

（２）　立方体の頂点には，面が３つ集まっています。㋓は，●の点で面が４つ集まっているので，立方体をつくることができません。　（答え）　㋓

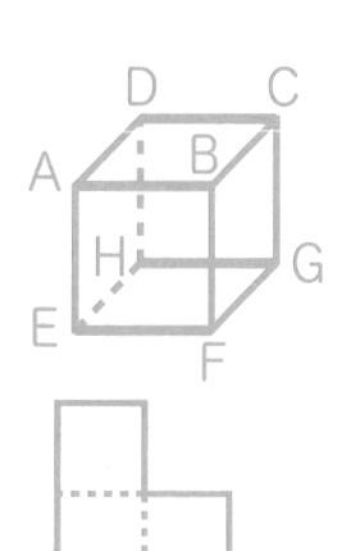

例題２

右の直方体で，頂点Aをもとにしたとき，頂点Fの位置は，
（横８cm，たて０cm，高さ４cm）と表せます。
点Gの位置を表しましょう。

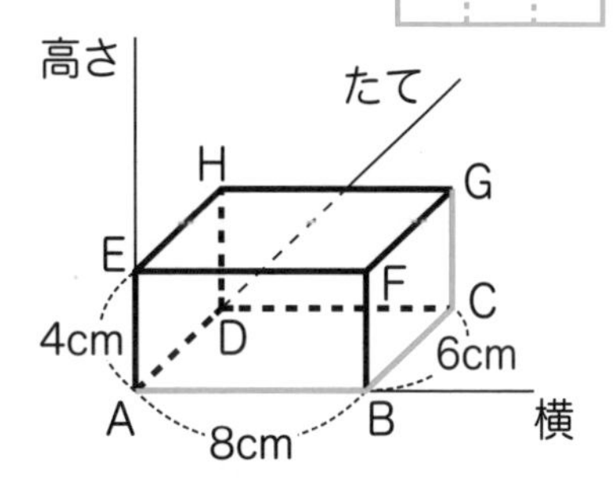

点Gの位置は，もとにする点から，横に８cm，たてに６cm，上（高さ）に４cmと読み取ります。

（答え）（横８cm，たて６cm，高さ４cm）

おうちの方へ　例題１（１）は，紙などで立方体を作ってみてください。触れて確認することで，平行な辺を，実感をもって理解することができます。（２）は，慣れるまでは展開図を紙などに写して切り取り，作って考えてもよいです。徐々に図で判断できるよう，いろいろな展開図で練習しましょう。

練習問題 ●● 立方体と直方体 ●●

1 右の図の直方体について，次の問題に答えましょう。

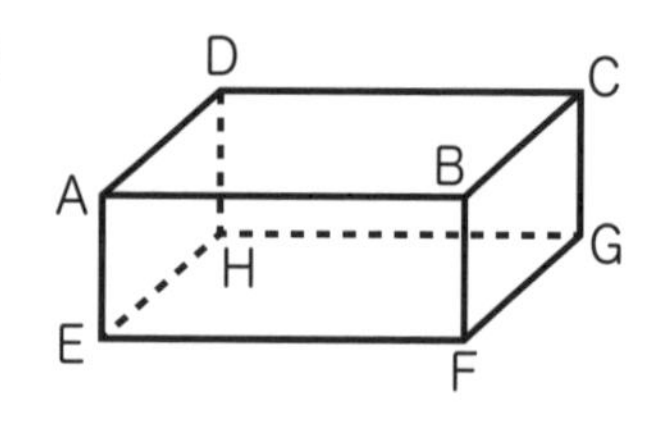

（1） 辺ADに平行な辺を全部答えましょう。

（答え）＿＿＿＿＿＿＿＿＿＿

（2） 辺ABに垂直な辺を全部答えましょう。

（答え）＿＿＿＿＿＿＿＿＿＿

（3） 面EFGHに垂直な辺を全部答えましょう。

（答え）＿＿＿＿＿＿＿＿＿＿

2 右の展開図を組み立てて，立方体をつくります。次の問題に答えましょう。

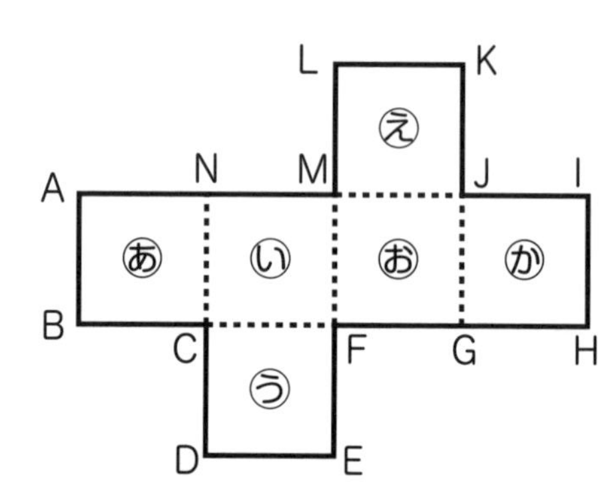

（1） 点Aと重なる点を全部答えましょう。

（答え）＿＿＿＿＿＿＿＿＿＿

（2） 辺DEと重なる辺を答えましょう。

（答え）＿＿＿＿＿＿＿＿＿＿

（3） 面㋐と平行になる面，面㋐と垂直になる面を全部答えましょう。

（答え）平行＿＿＿＿＿＿，垂直＿＿＿＿＿＿

②が難しいようなら，P.99と同じように，紙などに写して切り取ってみましょう。切り取ったら，頂点の記号をそれぞれ書いておきます。組み立てて，どの頂点とどの頂点が重なるか，どの辺とどの辺が重なるか，（1），（2）以外の頂点や辺も確かめておきましょう。

答えは 135 ページ

3 右の直方体について，次の問題に答えましょう。

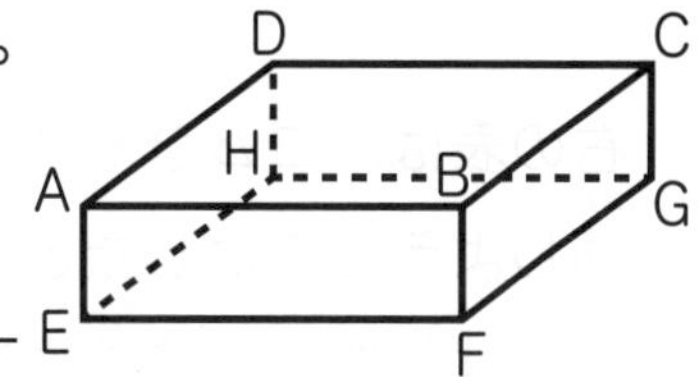

（1） 面BFGCに平行な面はどれですか。

(答え) ＿＿＿＿＿＿＿＿

（2） 下の図の中で，直方体の展開図として正しいものはどれですか。㋐から㋓までの中から選びましょう。

㋐ ㋑ ㋒

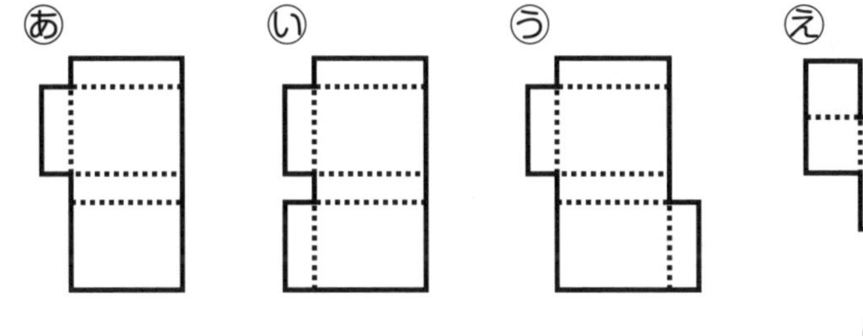

㋓

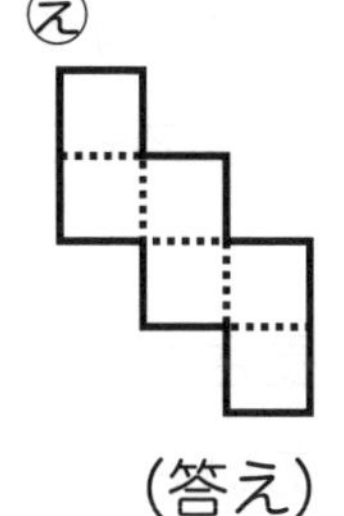

(答え) ＿＿＿＿＿＿＿＿

4 右の図で，点アの位置をもとにしたとき，点イの位置を（横４，たて３）と表すことにします。次の問題に答えましょう。

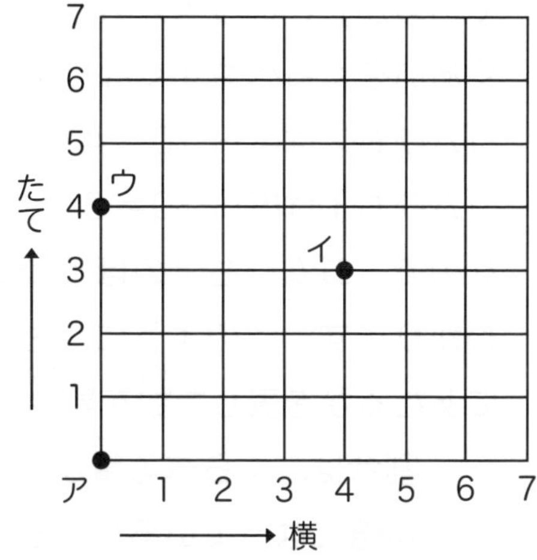

（1） 点アの位置をもとにしたとき，点ウの位置を表しましょう。

(答え) ＿＿＿＿＿＿＿＿

（2） 点エの位置は，点アの位置をもとにすると，（横５，たて６）と表すことができます。右の図に点エの位置を・で表しましょう。

おうちの方へ
平面上や空間内の位置を表すには，基準となる位置はどこか，基準からいくつめか，縦横上下左右どの方向か，といった情報が必要になります。日常生活の中でも，戸棚のものの位置を言葉で伝えたり，道案内をしたりするときに自然と使っている算数の学習内容ではないでしょうか。

2-14 割合

右の表(ひょう)は，ゴムひも㋐とゴムひも㋑を同(おな)じようにのばしたときの，のばす前(まえ)とのばしたあとの長(なが)さをまとめたものです。

	のばす前	のばしたあと
ゴムひも㋐	10cm	40cm
ゴムひも㋑	30cm	60cm

ゴムひもの，のびぐあいを考(かんが)えます。
のばしたあとの長さとのばす前の長さの差(さ)を考えると，ゴムひも㋐もゴムひも㋑も30cmです。
しかし，のばす前の長さが変わると差も変わるので，のびぐあいを表しきれていません。このような場合(ばあい)に,「何倍(なんばい)になっているか」という考え方(かた)を使(つか)うと，のびぐあいをくらべやすくなります。

ゴムひも㋐は40÷10＝４で，４倍，
ゴムひも㋑は60÷30＝２で，２倍
なので，ゴムひも㋐のほうがのびたことがわかります。このように，もとの量の何倍にあたるかを表(あらわ)した数(かず)を割合(わりあい)といいます。

ゴムひも㋐
のばす前 →(4倍) のばした後
10cm　40cm

ゴムひも㋑
のばす前 →(2倍) のばした後
30cm　60cm

大切 **割合は，くらべる量(りょう)がもとにする量の何倍になっているかを表す数。**

割合は，難しくて苦手と感じる子どもが多い学習内容ですが，５年生でも中学校でも引き続き学ぶ大切な内容です。４年生のうちから割合を利用するよさを理解し，段階的に学習を進めていきましょう。基礎を身に付けることで，割合の学習が好きになれるとよいですね。

例題1

右の表は，はやとさんのなわとび大会(たいかい)のあやとびの回(かい)数(すう)の記録(きろく)です。１年生から４年生では，とんだ回数は何倍になりましたか。

学年	回数
１年生	９回
４年生	45回

９回から45回にふえたので，

45÷９＝５で，５倍にふえたことがわかります。　(答え)　５倍

例題2

バネ㋐とバネ㋑があります。同じようにのばすと，バネ㋐は30cmが90cm，バネ㋑は15cmが75cmまでのびます。バネ㋐とバネ㋑では，どちらのバネのほうがのびますか。

それぞれのバネが，のばすと何倍になるかを考えます。

バネ㋐は，90÷30＝3で，3倍，バネ㋑は，75÷15＝5で，5倍です。

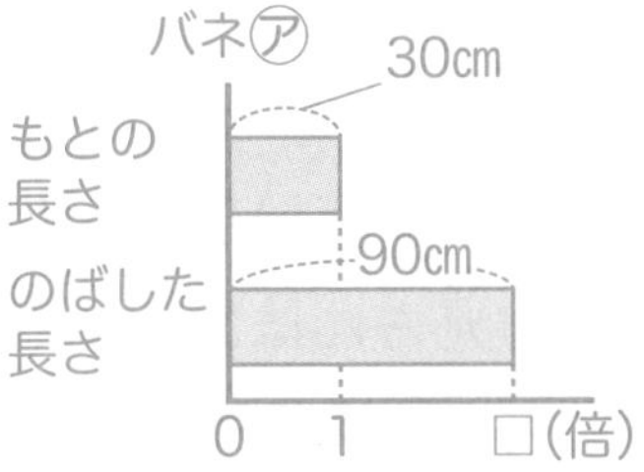

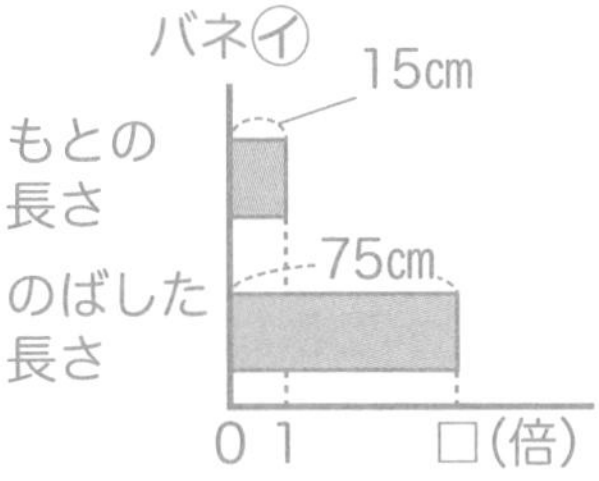

バネ㋑のほうがのびる割合が大きいので，バネ㋑のほうがのびるといえます。

(答え)　バネ㋑

おうちの方へ　割合は“あるものの量がもう一方の量の何倍にあたるか”を表すので，割合を比べるということは，２つの数量の関係どうしを比べるということです。①30円→120円②40円→120円，という場合，①は４倍，②は３倍なので，①と②では①の方が値上がりしているとわかります。

練習問題 ●割合●

1 赤いリボンが6m，青いリボンが24m，白いリボンが72mあります。次(つぎ)の問題(もんだい)に答(こた)えましょう。

（1） 青いリボンの長(なが)さは，赤いリボンの長さの何倍(なんばい)ですか。

(答え)＿＿＿＿＿＿＿＿

（2） 白いリボンの長さは，赤いリボンの長さの何倍ですか。

(答え)＿＿＿＿＿＿＿＿

（3） 白いリボンの長さは，青いリボンの長さの何倍ですか。

(答え)＿＿＿＿＿＿＿＿

2 あおいさんは，折(お)り紙(がみ)を９まい使(つか)いました。お姉(ねえ)さんは，あおいさんが使ったまい数(すう)の４倍，お兄(にい)さんはあおいさんが使ったまい数の７倍の折り紙を使いました。次の問題に答えましょう。

（1） お姉さんが使った折り紙は何まいですか。

(答え)＿＿＿＿＿＿＿＿

（2） お兄さんが使った折り紙は何まいですか。

(答え)＿＿＿＿＿＿＿＿

４年生では，整数で簡単な場合の割合を表し，比較します。５年生で，小数の割合や，百分率や歩合などの日常生活の中でもよく使われる割合を学びますので，これらを今急いで学ぶ必要はありません。４年生のうちは，割合の意味を理解し，よさを実感できることが大切です。

答えは137ページ

3　ケーキのねだんは1620円です。ケーキのねだんは，プリンのねだんの9倍で，ドーナツのねだんの12倍です。次の問題に答えましょう。

（1）　プリンのねだんは何円ですか。

（答え）＿＿＿＿＿＿＿＿

（2）　ドーナツのねだんは何円ですか。

（答え）＿＿＿＿＿＿＿＿

4　ゴムひも㋐とゴムひも㋑があります。同（おな）じようにのばすと，ゴムひも㋐は10cmが60cm，ゴムひも㋑は25cmが75cmまでのびます。

（1）　ゴムひも㋐とゴムひも㋑が，それぞれ50cmあったら，それぞれ何cmまでのびますか。

（答え）ゴムひも㋐＿＿＿＿＿＿，ゴムひも㋑＿＿＿＿＿＿

（2）　ゴムひも㋐とゴムひも㋑は，それぞれのばすと何倍の長さになりますか。

（答え）ゴムひも㋐＿＿＿＿＿＿，ゴムひも㋑＿＿＿＿＿＿

（3）　ゴムひも㋐とゴムひも㋑では，どちらのゴムひものほうがのびますか。

（答え）＿＿＿＿＿＿＿＿

練習問題の中には，割合を問う問題だけではなく，比べられる量やもとにする量を問う問題もあります。５年生の学習内容で，これらは公式として学びますが，４年生でも，それぞれの数量の関係を理解していれば，解くことができる問題です。関係を整理しながら挑戦しましょう。

面積分けパズル

下の図のマスの中の数字は，１は□が１こ分，２は□が２こ分，３は□が３こ分の四角形に分けることを表しているよ。下の図ではどんな分け方ができるかな。L字のように曲げず，正方形か長方形にしてね。

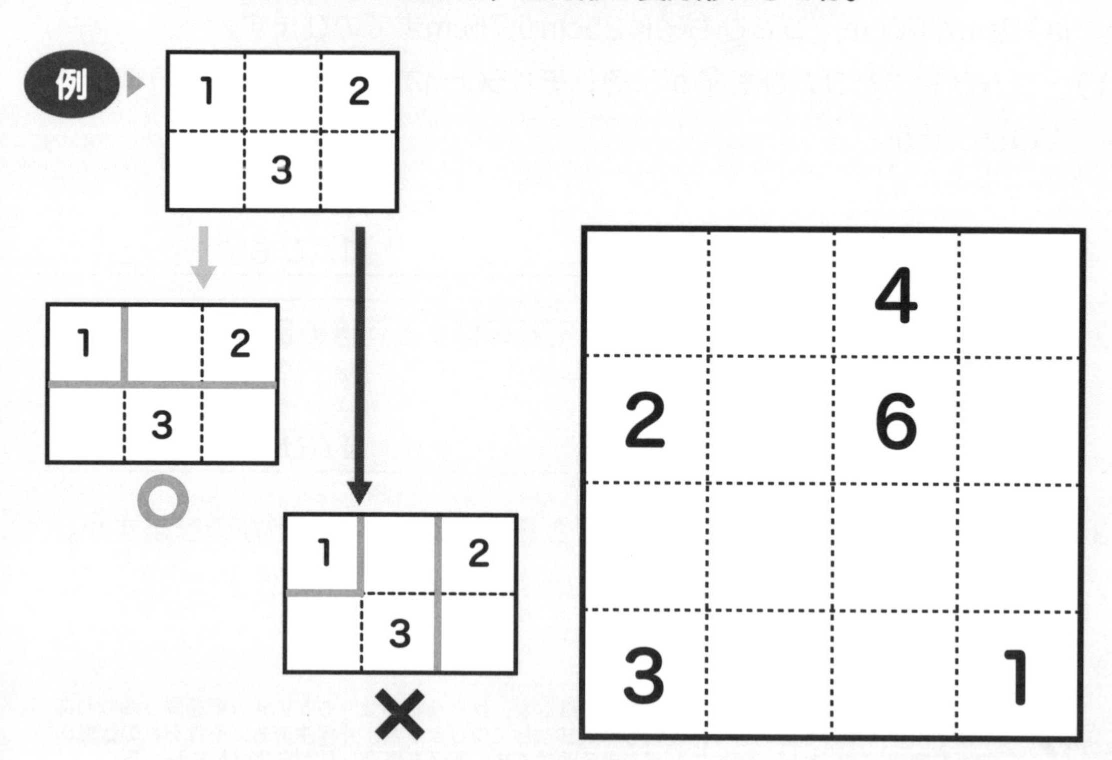

ビリヤード

ボールが例の図のようにはね返るよ。
色のついた丸●の場所から，矢印の方向にボールを打つとき，
入るあなに色をぬろう。

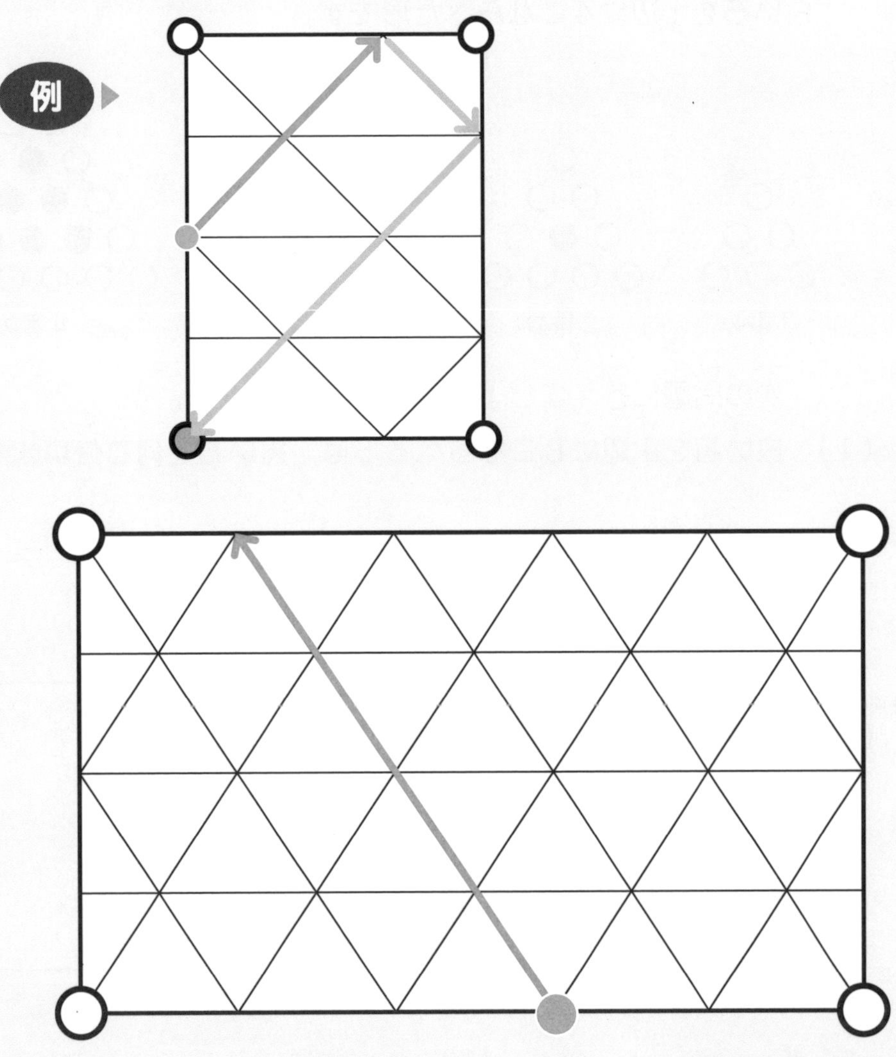

答えは 143 ページ

1 同じ大きさの白い石○と黒い石●があります。この石を下の図のように，外側は白い石，内側は黒い石になるように，あるきまりにしたがって三角形の形にならべます。1番めは白い石を1辺に3こならべた形，2番めは白い石を1辺に4こならべた形です。

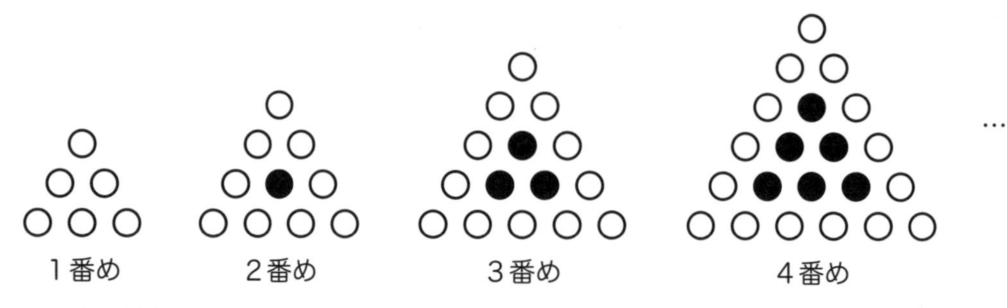

次の問題に答えましょう。

（1） 白い石を1辺に8こならべる形は，黒い石を何こ使いますか。

(答え)__________

（2） 8番めの形は，白い石を何こ使いますか。

(答え)__________

2　２つの整数と「♪」をならべた新しい計算を考えます。□♪□は，♪の左の数を右の数だけかけた数を表すことにします。

たとえば，「５♪４」は，５を４回かけた数を表すので，

５♪４＝625（５×５×５×５＝625）となります。

次の問題に答えましょう。

（1）　８♪３が表す数を求めましょう。

(答え)＿＿＿＿＿＿＿＿

（2）　□にあてはまる数を求めましょう。

２♪□＝64

(答え)＿＿＿＿＿＿＿＿

3　あゆみさん，けいこさん，ちえさん，のぞみさんの４人は，50m走をしたときのゴールした順番について，下のように話しています。

あゆみさん「けいこさんより前にゴールしました」
けいこさん「ちえさんよりあとにゴールしました」
ちえさん　「のぞみさんよりあとにゴールしました」
のぞみさん「あゆみさんよりあとにゴールしました」

このとき，４人がゴールした順番を，先にゴールした人から順に書きましょう。

(答え)＿＿＿＿＿＿＿＿

答えは 138 ページ

解答・解説

時こくと時間

P14，15

解答

1 （1）100　（2）1，35
　（3）205　（4）2，55

2 さくらさんが23秒速い

3 午後３時10分

4 （1）１時間10分
　（2）３時間45分

解説

1

（1）　１分＝60秒なので，１分40秒は，
60＋40＝100で，100秒です。

（答え）　100

（2）　60秒＝１分なので，95秒から60秒をひきます。95−60＝35なので，
95秒は１分35秒です。

（答え）　1，35

（3）　１分＝60秒なので，３分は，
60＋60＋60＝180で，180秒です。
３分25秒は，180＋25＝205で，
205秒です。

（答え）　205

（4）　60秒＝１分なので，175秒から
60秒をひいていきます。
175−60＝115
115−60＝55
なので，175秒は２分55秒です。

（答え）　2，55

2

１分＝60秒なので，２分は，
60＋60＝120で，120秒です。
２分45秒は，120＋45＝165で，
165秒です。
188−165＝23なので，さくらさ
が，みすずさんより23秒速いです。

（答え）　さくらさんが23秒速い

3

午前９時45分から午前10時まで
時間は15分，５時間25分−15分
＝５時間10分です。
午前10時から５時間後の時こくは
後３時，午後３時から10分後の時こ
は午後３時10分です。
午前９時45分から５時間25分後
時こくは，午後３時10分です。

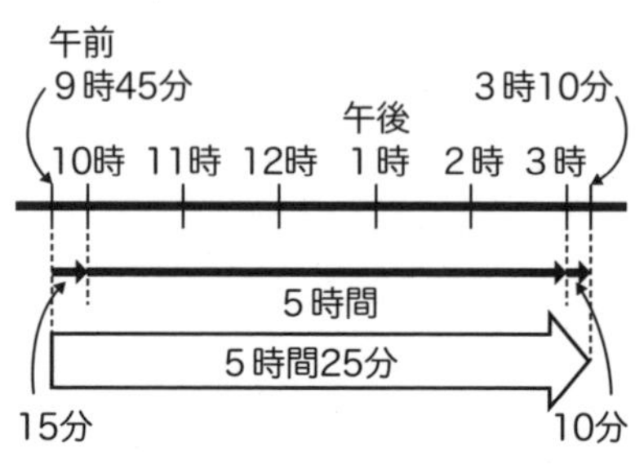

（答え）　午後３時10分

4

（1）　午前９時30分から10時までの
間は30分です。10時から10時40
までの時間は40分です。
30＋40＝70で，60分＝１時間
ので，70分＝１時間10分です。

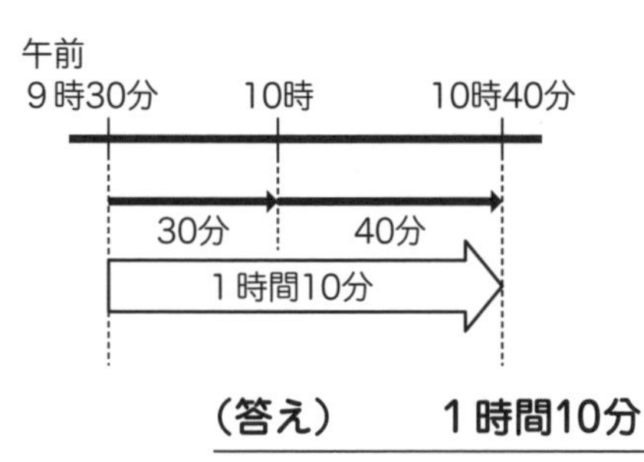

（答え）　1時間10分

（2）　午前10時40分から午前11時までの時間は20分，午前11時から午後2時までの時間は3時間，午後2時から午後2時25分までの時間は25分です。

　20分＋3時間＋25分＝3時間45分なので，午前10時40分から午後2時25分までの時間は，3時間45分です。

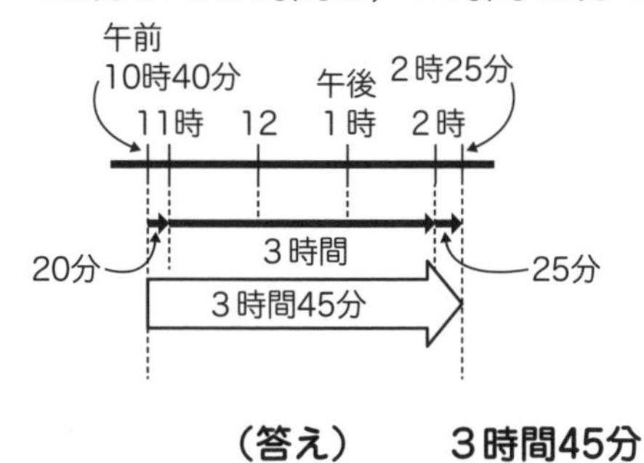

（答え）　3時間45分

1−2 かけ算とわり算

P18，19

解答

1 （1）430　（2）3552
　（3）1719　（4）12160

2 （1）476まい　（2）13475円

3 （1）6こ　（2）9箱
　（3）7本できて2mあまる
　（4）21さつ

解説

1

（1）

$$\begin{array}{r} 86 \\ \times\ \ 5 \\ \hline 4\,3^{3}0 \end{array}$$

五六30で，3くり上げる
五八40で，40＋3＝43

（答え）　430

（2）

$$\begin{array}{r} 74 \\ \times\ 48 \\ \hline 59^{3}2 \\ 29^{1}6\ \ \\ \hline 3552 \end{array}$$

74×8の答え
74×4の答えを十の位から書く

（答え）　3552

（3）

$$\begin{array}{r} 573 \\ \times\ \ \ 3 \\ \hline 17^{2}19 \end{array}$$

（答え）　1719

（4）

$$\begin{array}{r} 608 \\ \times\ \ 20 \\ \hline 12160 \end{array}$$

かける数の一の位の0のかけ算を省く

（答え）　12160

2

（1）　14まいの色紙が34人分いるので，

14×34＝476

$$\begin{array}{r} 14 \\ \times\ 34 \\ \hline 5^{1}6 \\ 4^{1}2\ \ \\ \hline 476 \end{array}$$

（答え）　476まい

(2) 代金は，385円の35こ分なので，
385×35＝13475

```
      3 8 5
  ×     3 5
  ---------
    1 9⁴2²5
  1 1²5¹5
  ---------
  1 3 4 7 5
```

（答え） 13475円

3

(1) 42こを7人で分けるので，

42 ÷ 7 ＝ 6

（42：全部のこ数，7：人数，6：1人分のこ数）

（答え） 6こ

(2) 81こを9こずつ入れるので，

81 ÷ 9 ＝ 9

（81：全部のこ数，9：1箱のこ数，9：箱の数）

（答え） 9箱

(3) 58mを8mずつに切るので，

58 ÷ 8 ＝ 7 あまり 2

（58：全体の長さ，8：1本分の長さ，7：本数，2：あまりの長さ）

（答え） 7本できて2mあまる

(4) 63さつを3人で運ぶので，

63 ÷ 3 ＝ 21

（63：全部の数，3：人数，21：1人分の数）

（答え） 21さつ

1-3 たし算とひき算

P22，2

解答

1 (1) 1323円　(2) 2145人
(3) 1200円

2 (1) 176まい　(2) 618羽

3 (1) 4208円　(2) 792円

解説

1

(1) 848＋475＝1323

```
    1 1
    8 4
  +   4 7
  -------
  1 3 2
```

（答え） 1323円

(2) 1937＋208＝2145

```
  1   1
  1 9 3
  +   2 0
  -------
    2 1 4
```

（答え） 2145人

(3) 100のまとまりで考えると，
4＋8＝12なので，
400＋800＝1200

（答え） 1200円

2

（1）　945－769＝176

$$\begin{array}{rrrr} & 8 & 3 & \\ & 9 & 4 & 5 \\ - & 7 & 6 & 9 \\ \hline & 1 & 7 & 6 \end{array}$$

（答え）　176まい

（2）　1081－463＝618

$$\begin{array}{rrrrr} & & & 7 & \\ & 1 & 0 & 8 & 1 \\ - & & 4 & 6 & 3 \\ \hline & & 6 & 1 & 8 \end{array}$$

（答え）　618羽

3

（1）　3680＋528＝4208

$$\begin{array}{rrrrr} & 1 & 1 & & \\ & 3 & 6 & 8 & 0 \\ + & & 5 & 2 & 8 \\ \hline & 4 & 2 & 0 & 8 \end{array}$$

（答え）　4208円

（2）　出したお金から，代金をひいて求めます。

5000－4208＝792

$$\begin{array}{rrrrr} & 4 & 9 & 9 & \\ & 5 & 0 & 0 & 0 \\ - & 4 & 2 & 0 & 8 \\ \hline & & 7 & 9 & 2 \end{array}$$

［別のとき方］

出したお金から，辞書のねだんと小説のねだんをひいて求めます。

5000－3680－528＝792

$$\begin{array}{rrrrr} & 4 & 9 & & \\ & 5 & 0 & 0 & 0 \\ - & 3 & 6 & 8 & 0 \\ \hline & 1 & 3 & 2 & 0 \end{array} \qquad \begin{array}{rrrrr} & & 2 & 1 & \\ & 1 & 3 & 2 & 0 \\ - & & 5 & 2 & 8 \\ \hline & & 7 & 9 & 2 \end{array}$$

（答え）　792円

1－4 ぼうグラフと表

P26，27

解答

1（1）7さつ　（2）3倍

2（1）ハンバーグ　（2）12人

3（1）4　（2）13

（3）16人

解説

1

（1）　1目もりは1さつを表しています。

2はんが借りた本は，7目もり分なので，7さつです。

（答え）　7さつ

（2）　1ぱんが借りた本の数は，12さつです。3ぱんが借りた本の数は，4さつです。

12÷4＝3なので，3倍です。

（答え）　3倍

2

（1）　1組と2組を合わせたぼうの長さがいちばん長いメニューが，好きな人がいちばん多いメニューなので，ハンバーグです。

（答え）　ハンバーグ

（2）　1目もりは2人を表しています。

1組と2組を合わせて，からあげが好きと答えた人は，6目もり分です。

2×6＝12なので，12人です。

（答え）　12人

③

（１） ㋐は，１組のろう下でけがをした人数（にんずう）なので，４です。（答え） 4

（２） ㋑は，２組の校庭（こうてい）でけがをした人数なので，13です。（答え） 13

（３） １組の体育館（たいいくかん）でけがをした人は７人，２組の体育館でけがをした人は９人なので，７＋９＝16で，16人です。

（答え） 16人

1－5 円と球

P30，31

解答

	（１）	（２）
①	12cm	10cm
②	16cm	24cm
③	6cm	30cm
④	6cm	36cm

解説

①

（１） 円の直径（ちょっけい）は半径（はんけい）の２倍（ばい）の長（なが）さなので，点（てん）エを中心（ちゅうしん）とする円の直径は，６×２＝12で，12cmです。

（答え） 12cm

（２） 点ウを中心とする円の直径は，４＋４＋６＋６＝20で，20cmです。円の半径は，直径の半分（はんぶん）の長さなので，点ウを中心とする円の半径は，20÷２＝10で，10cmです。

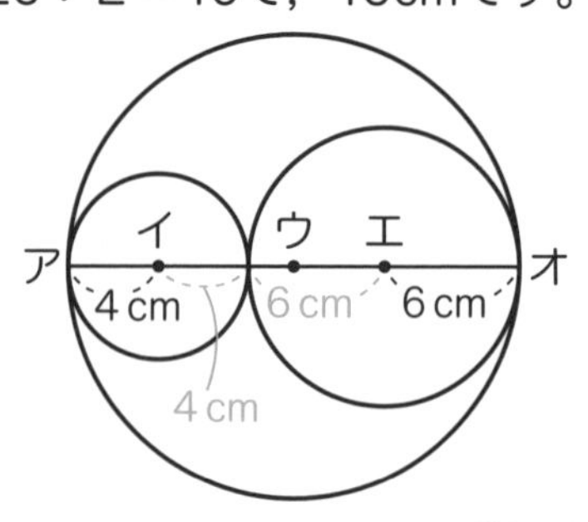

（答え） 10cm

②

（１） 円の直径は半径の２倍の長さなので，点アを中心とする円の直径は，８×２＝16で，16cmです。

（答え） 16cm

（２） 三角形（さんかくけい）アイウの辺（へん）アウの長さと辺イウの長さは，それぞれ点ア，点イを中心とする円の半径と同（おな）じです。辺アイの長さも２つの円の半径と同じです。三角形アイウのまわりの長さは，８＋８＋８＝24で，24cmです。

（答え） 24cm

③

（１） ボールの直径は，箱（はこ）のたての長さと同じ長さなので，６cmです。

（答え） 6cm

（２） ㋐の長さはボールの直径５つ分の長さなので，６×５＝30で，30cmです。

（答え） 30cm

❹

（1） 上から見ると，右の図のようになります。

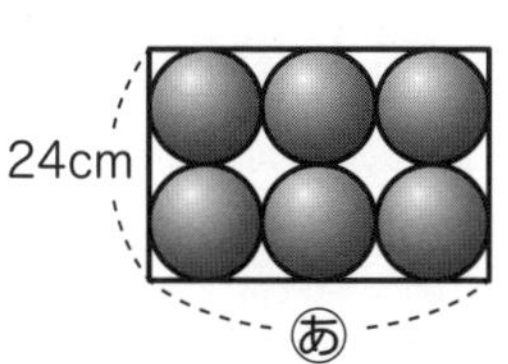

箱のたての長さは，ボールの直径2つ分なので，ボールの直径は，24÷2＝12で，12cmです。

ボールの半径は，12÷2＝6で，6cmです。

（答え） 6cm

（2） あの長さは，ボールの直径3つ分の長さなので，12×3＝36で，36cmです。

（答え） 36cm

1－6 長さと重さ

P36，37

解答

❶（1）5400 （2）8，200
（3）7000 （4）6，900

❷（1）3km100m （2）600m

❸（1）1kg240g （2）940g

❹あ $\frac{1}{100}$ い 1000倍
う 1000倍

解説

❶

（1） 1km＝1000mなので，5km＝5000mです。5000mと400mなので，5km400m＝5400mです。

（答え） 5400

（2） 1000m＝1kmなので，8000m＝8kmです。
8200m＝8000m＋200mなので，8kmと200mで，8km200mです。

（答え） 8，200

（3） 1t＝1000kgなので，7t＝7000kgです。

（答え） 7000

（4） 1000g＝1kgなので，6000g＝6kgです。
6900g＝6000g＋900gなので，6kgと900gで，6kg900gです。

（答え） 6，900

❷

同じ単位どうしで計算します。

（1） 1km800m＋1km300m
＝2km1100m
1000m＝1kmなので，
2km1100m＝2km＋1km＋100m
＝3km100mです。

（答え） 3km100m

（2） 100mから500mはひけないので，3km100mを2km1100mとして計算します。

3km100m－2km500m
＝2km1100m－2km500m
＝600m　　　　（答え）　600m

❸

（1） はかりのいちばん小さい目もりは，100gを10こに分けているので，1目もりは10gです。

1kg200gと，10gが4つ分なので，1kg240gです。

（答え）　1kg240g

（2） かごとかぼちゃの重さの合計1kg240gから，かごの重さ300gをひきます。同じ単位どうしで計算します。

240gから300gはひけないので，1kg240gを1240gとして計算します。

1kg240g－300g＝1240g－300g
＝940gです。　（答え）　940g

❹

㋐ c（センチ）は$\frac{1}{100}$を表しているので，1cmは1mの$\frac{1}{100}$です。

㋑ k（キロ）は1000倍を表しているので，1kmは1mの1000倍です。

㋒ 1t＝1000kgなので，1tは1kgの1000倍です。

（答え）　㋐ $\frac{1}{100}$　㋑ 1000倍　㋒ 1000倍

1-7 □を使った式

P40，41

解答

❶ ㋑

❷ 26＋□＝41，15人

❸ 8×□＝72，9箱

❹ □÷6＝7，42本

解説

❶

㋐の場面を表すことばの式は，
全部のまい数 ÷ ふくろの数
＝ 1ふくろのまい数　なので，
30÷□＝5です。

㋑の場面を表すことばの式は，
全部のページ数 － といたページ数
＝ 残りのページ数　なので，
30－□＝5です。

㋒の場面を表すことばの式は，
1まいのねだん × 買ったまい数
＝ 代金　なので，
5×□＝30です。

㋓の場面を表すことばの式は，
全部のこ数 － 食べたこ数
＝ 残りのこ数　なので，
□－5＝30です。

（答え）　㋑

2

場面をことばの式に表すと，
[はじめの人数]＋[あとから来た人数]
＝[全部の人数]　なので，

26＋□＝41
□にあてはまる数を求めると，
□＝41－26
□＝15

（答え）　26＋□＝41，15人

3

場面をことばの式に表すと，
[１箱のこ数]×[箱の数]
＝[全部のこ数]　なので，

８×□＝72
□にあてはまる数を求めると，
□＝72÷８
□＝９

（答え）　８×□＝72，９箱

4

場面をことばの式に表すと，
[はじめの本数]÷[分ける人数]
＝[１人分の本数]　なので，

□÷６＝７
□にあてはまる数を求めると，
□＝７×６
□＝42

（答え）　□÷６＝７，42本

1－8
二等辺三角形と正三角形

P44，45

解答

1 （１）二等辺三角形
（２）12cm

2 ６cm

3 （例）

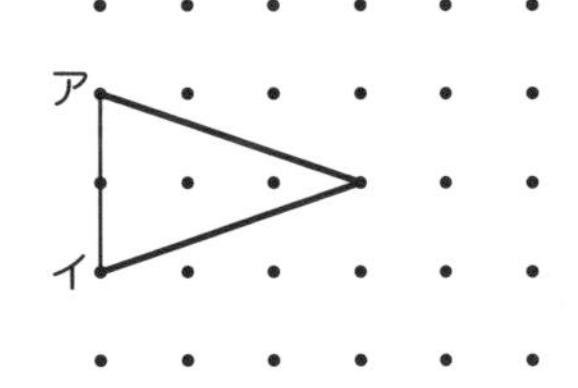

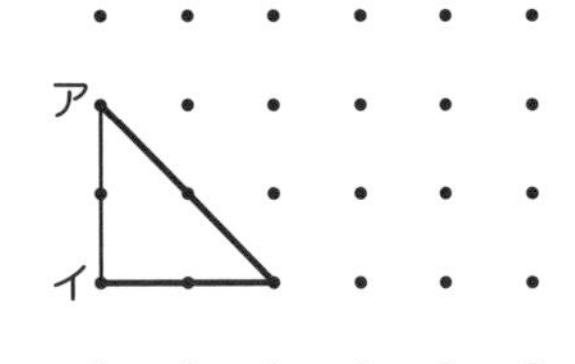

4 （１）６cm　　（２）30cm

解説

1

（１）　直線アイのところで同時に切った２つの辺は，長さが等しいです。切り取った紙を広げてできる三角形は次の図のようになり，長さが等しい辺は２つだけなので，二等辺三角形です。

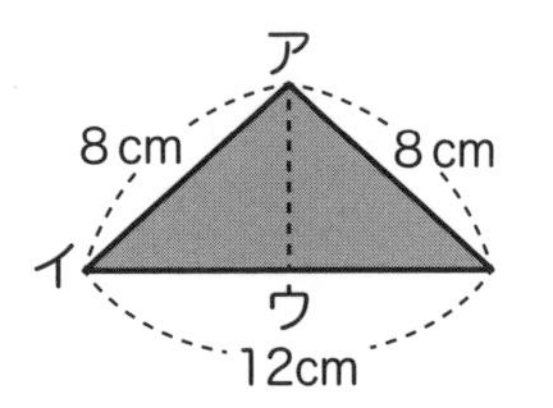

（答え）　二等辺三角形

（2） 直線イウの長さは6cmなので，切り取って広げたときの三角形の底辺の長さは12cmです。正三角形は，3つの辺の長さが全部等しいので，直線アイの長さを12cmにすればよいです。

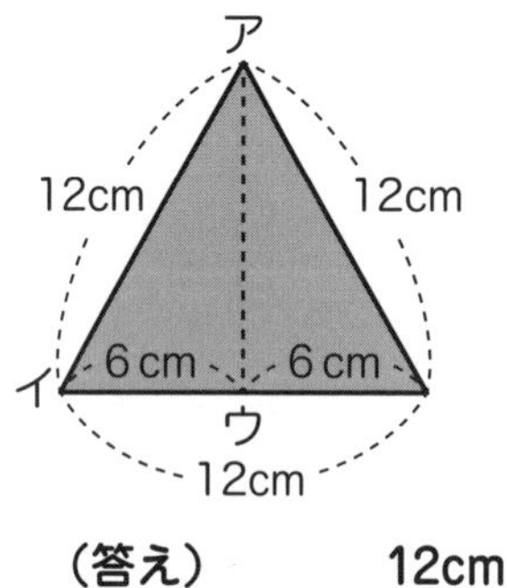

（答え）　12cm

❷

辺イウの長さは8cmなので，
辺アイと辺アウの長さを合わせた長さは，20－8＝12で，12cmです。
三角形アイウは二等辺三角形なので，辺アイと辺アウの長さは等しいです。
辺アイの長さは，12÷2＝6で，6cmです。

（答え）　6cm

❸

2つの辺の長さが同じ二等辺三角形をかきます。

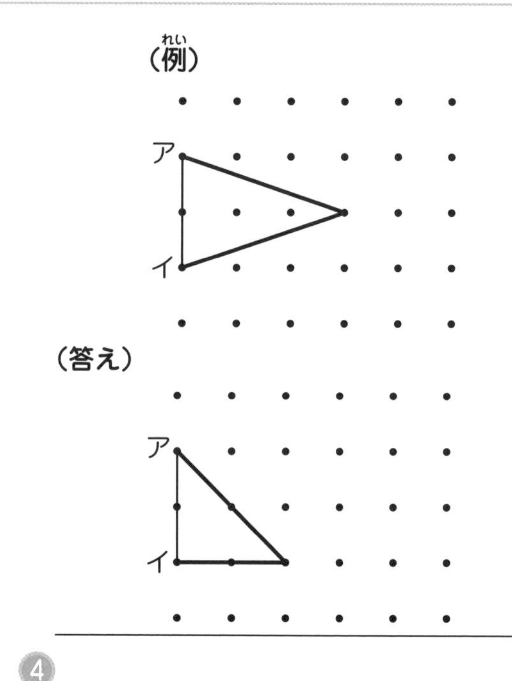

❹

（1） 三角形アイウは正三角形なので
3つの辺の長さは等しいです。辺
ウの長さは辺アイの長さと等しい
で，6cmです。

（答え）　6cm

（2） 辺アウの長さは辺アイの長さと
しいので，6cmです。
三角形イウエは二等辺三角形で
辺ウエの長さと辺イエの長さが等
いので，辺イエの長さは9cmです
四角形アイエウのまわりの長さは
辺アイ，辺イエ，辺ウエ，辺アウの
長さの合計で，
6＋9＋9＋6＝30で，30cmです

（答え）　30cm

2-1

大きい数

P50，51

解答

1 （1）100000
（2）あ　3200000
　　　い　4900000

2 （1）9876543210
（2）1023456789

3 （1）68億　（2）837兆
（3）609兆　（4）316992
（5）342000　（6）1568000

解説

1

（1）　この数直線では，1000000を10等分しているので，いちばん小さい1目もりは100000を表しています。

（答え）　100000

（2）　あは，3000000より２目もり右にあるので，3000000より200000大きい数で，3200000です。

いは，4000000より９目もり右にあるので，4000000より900000大きい数で，4900000です。
いは，5000000より１目もり左にあるので，5000000より100000小さい数と考えることもできます。

（答え）　あ 3200000　い 4900000

2

（1）　大きい数を表す数字から順にならべていきます。

（答え）　9876543210

（2）　いちばん上の位は０にはなりません。いちばん上の位を１にして，残りの数字を小さい数を表す数字から順にならべていきます。

（答え）　1023456789

3

（1）
　　７
　　8̸ ３ 億
－ １ ５ 億
　　６ ８ 億

（答え）　68億

（2）
　　１
　　４ ８ ５ 兆
＋ ３ ５ ２ 兆
　　８ ３ ７ 兆

（答え）　837兆

（3）
　　６ ９
　　7̸ 0̸ ５ 兆
－　 ９ ６ 兆
　　６ ０ ９ 兆

（答え）　609兆

（4）

```
      6 2 4
    × 5 0 8
    4 9¹9³2
3 1 2 0
3 1 6 9 9 2
```

かける数の十の位が0だから，かけ算を省く

（答え）　316992

（5）　0を省いて計算し，計算結果の右側に，省いた0の数だけ0をつけます。

```
  3 8|0 0
×   9|0
3 4⁷2|0 0 0
```

（答え）　342000

（6）

```
    2 8|0 0
  × 5 6|0
  1 6⁴8|
1 4 0  |
1 5 6 8|0 0 0
```

（答え）　1568000

2-2 整数のわり算

P54，55

解答

1（1）13　（2）138あまり2
（3）7あまり11（4）48

2　1人分は81まいで6まいあまる

3（1）27ページ　（2）8日

4（1）82g
（2）6ふくろできて72gあまる

解説

1

（1）

```
    1 3
6)7 8
  6
  1 8
  1 8
    0
```

（答え）　13

（2）

```
    1 3 8
5)6 9 2
  5
  1 9
  1 5
    4 2
    4 0
      2
```

（答え）138あまり2

（3）

```
       7
1 2)9 5
    8 4
    1 1
```

（答え）　7あまり11

（4）

```
       4 8
1 8)8 6 4
    7 2
    1 4 4
    1 4 4
        0
```

（答え）　48

2

573まいを7人で分けるので，

573 ÷ 7 ＝ 81あまり6

全部のまい数　分ける人数　1人分のまい数　あまり

```
    8 1
7)5 7 3
  5 6
    1 3
      7
      6
```

（答え）1人分は81まいで6まいあまる

3

（1）　243ページを9日で読むので，

243 ÷ 9 ＝ 27

全部のページ数　日数　1日分のページ数

```
    2 7
9)2 4 3
  1 8
    6 3
    6 3
      0
```

（答え）　27ページ

（2） 243ページを31ページずつ読むので，

```
          7
 31)243
    217
     26
```

243	÷	31	=	7	あまり26
全部のページ数		1日分のページ数		日数	あまり

あまった26ページを読むのに，もう1日必要なので， 7＋1＝8

（答え）　8日

4

（1） 1968gを24こに分けるので，

```
           8 2
 2 4)1 9 6 8
     1 9 2
         4 8
         4 8
           0
```

1968	÷	24	=	82
全体の重さ		びんの数		1つ分の重さ

（答え）　82g

（2） 1968gを316gずつ分けるので，

```
               6
 3 1 6)1 9 6 8
       1 8 9 6
           7 2
```

1968	÷	316	=	6	あまり72
全体の重さ		1つ分の重さ		ふくろの数	あまり

（答え）　6ふくろできて72gあまる

2-3 角の大きさ

P58，59

解答

1 （1）70°　（2）115°
2 （1）210°　（2）315°
3 （1）135°　（2）120°
（3）45°　（4）15°

解説

1

分度器の中心を角の頂点に合わせ，0°の線を1辺に合わせます。もう一方の辺が重なっている目もりを読みます。

（1）

（答え）　70°

（2）

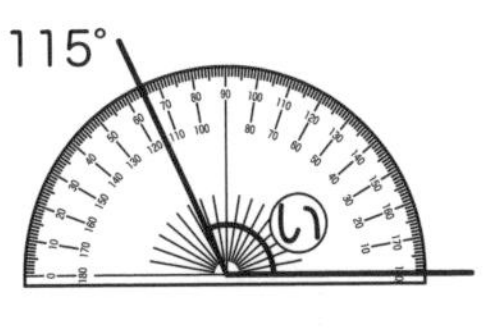

（答え）　115°

2

(1)

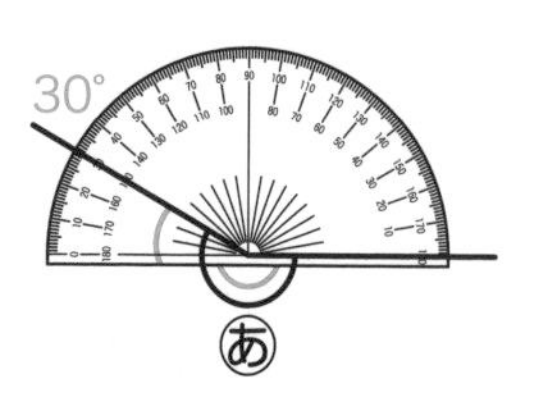

180°より30°大きいから,
180°+30°=210°

[別のとき方]

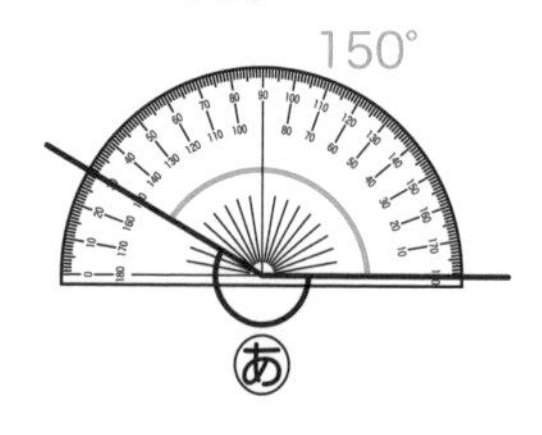

360°より150°小さいから,
360°−150°=210° (答え) **210°**

(2)

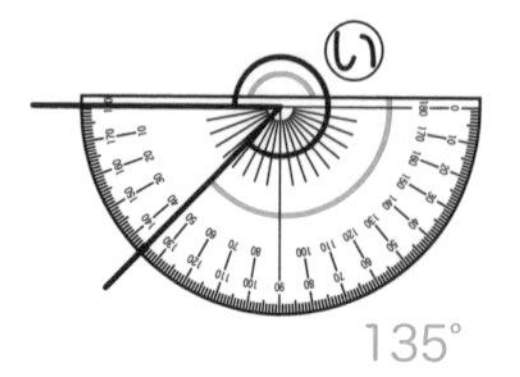

180°より135°大きいから,
180°+135°=315°

[別のとき方]

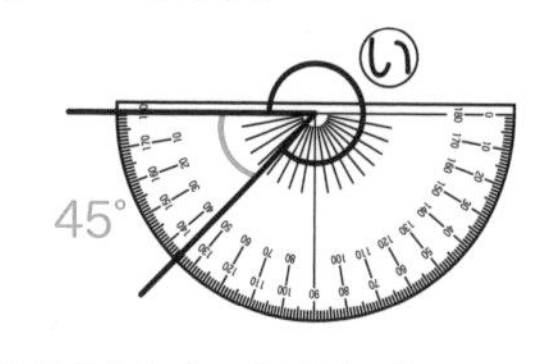

360°より45°小さいから,
360°−45°=315° (答え) **315°**

3

三角じょうぎの角の角度を書き入
て考えます。

(1)

45°+90°=135°

(答え) **135°**

(2)

30°+90°=120°

(答え) **120°**

(3)

90°−45°=45°

(答え) **45°**

(4)

45°−30°=15°

(答え) **15°**

2－4 折れ線グラフと表

P62，63

解答

1 （1）12g
（2）7月から8月までの間

2 （1）4度
（2）午前8時から午前10時までの間

3 （1）7　（2）10

4 （1）10人　（2）6人

解説

1

（1）　たてのじくは10gを5目もりで表しているので，10÷5＝2だから，1目もりは2gを表しています。
　5月の体重は，6目もり分なので，2×6＝12で，12gです。

（答え）　12g

（2）　体重のふえ方がいちばん大きかったのは，グラフが右上がりで，かたむきがいちばん急なところなので，7月から8月までの間です。

（答え）　7月から8月までの間

2

（1）　たてのじくの1目もりは1度を表しています。午前12時の気温と池の水温のちがいは4目もり分なので，4度です。

［別のとき方］
　午前12時の気温は27度，午前12時の池の水温は23度なので，
27－23＝4で，4度です。

（答え）　4度

（2）　気温が池の水温より高くなったのは，気温のグラフが池の水温のグラフの下になっているところから，上になっているところまでなので，午前8時から午前10時までの間です。

（答え）午前8時から午前10時までの間

3

（1）　㋐は白の四角形の数なので，7です。

（答え）　7

（2）　㋑は白の三角形の数と黒の三角形の数の合計なので，4＋6＝10で，10です。

（答え）　10

4

		せ泳ぎ		合計
		できる	できない	
クロール	できる	12	㋐	22
	できない	㋑	6	㋒
合計				34

（1）　クロールができて，せ泳ぎができない人の人数は㋐です。
　22－12＝10

（答え）　10人

（2） クロールができなくて，せ泳ぎができる人の人数は㋑です。

㋒にあてはまる数は，34－22＝12

㋑にあてはまる数は，12－6＝6

（答え） 6人

表を全部うめると，次のようになります。

		せ泳ぎ		合計
		できる	できない	
クロール	できる	12	10	22
	できない	6	6	12
合計		18	16	34

2－5 がい数

P66，67

解答

1（1）2160000人 （2）1100000人

2（1）54000円 （2）170000円

3（1）小学生 70000人

中学生 37000人

（2）33000人

4（1）十の位

（2）2750人以上2850人未満

解説

1

（1） 千の位を四捨五入します。

2163908 → 2160000

（答え） 2160000人

（2） 一万の位を四捨五入します。

1068838 → 1100000

（答え） 1100000人

2

（1） 上から3けためのの百の位を四捨五入します。

53978 → 54000

（答え） 54000円

（2） 上から3けための千の位を四捨五入します。

165776 → 170000

（答え） 170000円

3

（1） 百の位を四捨五入します。

小学生 69518 → 70000

中学生 36871 → 37000

（答え）小学生 70000人

中学生 37000人

（2） 70000－37000＝33000

（答え） 33000人

4

（1） 百の位までのがい数で表すときは百の位の1つ下の十の位を四捨五入します。

（答え） 十の位

(2)

2700　2750　2800　2850　2900

2750以上2850未満

2850は十の位で四捨五入すると2900になるので入りません。

（答え）2750人以上2850人未満

2－6
垂直・平行・四角形
P70，71

解答

1 （1）直線お⃝
（2）直線か⃝と直線く⃝
（3）79°

2 （1）い⃝，う⃝，え⃝，お⃝
（2）う⃝，お⃝

3 （1）12cm　（2）11cm
（3）60°

4 （1）10cm　（2）6cm
（3）110°

解説

1

（1）直線い⃝と直線お⃝が交わってできる角が直角なので，直線い⃝に垂直な直線は直線お⃝です。

（答え）直線お⃝

（2）直線か⃝と直線く⃝は，はばがどこも等しく，どこまでのばしても交わらないので，平行です。

（答え）直線か⃝と直線く⃝

（3）直線か⃝と直線く⃝は平行なので，他の直線と等しい角度で交わります。
直線く⃝と直線え⃝の交わる角度が79°なので，直線か⃝と直線え⃝の交わる角度も79°です。

（答え）79°

2

（1）向かい合う2組の辺が平行な四角形は，平行四辺形，ひし形，長方形，正方形です。

（答え）い⃝，う⃝，え⃝，お⃝

（2）2本の対角線が垂直に交わるのは，ひし形と正方形です。

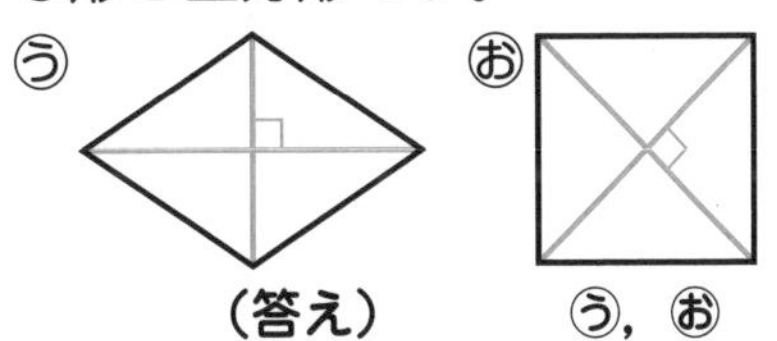

（答え）う⃝，お⃝

3

平行四辺形の向かい合う辺の長さと，向かい合う角の大きさは，それぞれ等しいです。

（1）辺ABの長さは辺DCの長さと等しく，12cmです。

（答え）12cm

（2）辺ADの長さは辺BCの長さと等しく，11cmです。

（答え）11cm

（3）　ⓐの角の大きさはCの角の大きさと等しく，60°です。

（答え）　60°

❹

（1）　平行四辺形の向かい合う辺の長さは等しいので，辺ADの長さは辺BCの長さと等しく，10cmです。

（答え）　10cm

（2）　ひし形の４つの辺の長さは等しいので，辺AEの長さは辺ABの長さと等しく，６cmです。

（答え）　６cm

（3）　ひし形の向かい合う角の大きさは等しいので，ⓘの角の大きさは70°です。

ⓐの角の大きさは，

180°－70°＝110°

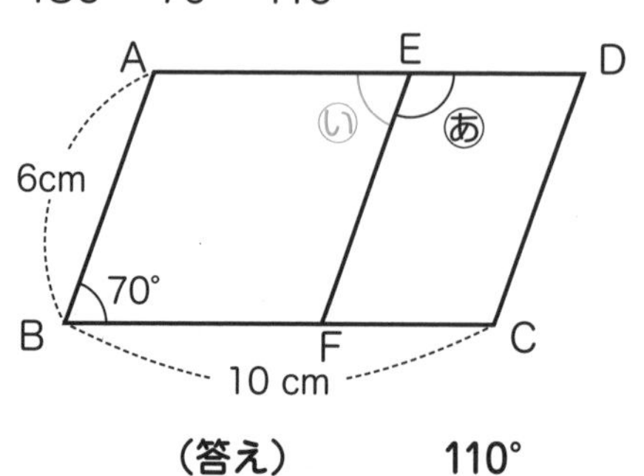

（答え）　110°

2-7 計算のきまり

P76，77

解答

❶（1）86　（2）63
（3）320　（4）3400

❷（1）㋐　（2）㋑　（3）㋓

❸（1）㋒　（2）㋐

❹（1）㋓　（2）㋕

解説

❶

（1）　32＋18×３＝32＋54＝86

（①：18×３，②：32＋）

（答え）　86

（2）　54÷（10－４）×７

（①：10－４，②：54÷，③：×７）

＝54÷６×７
＝９×７
＝63

（答え）　63

（3）　16×（15＋45÷９）

（①：45÷９，②：15＋，③：16×）

＝16×（15＋５）
＝16×20
＝320

（答え）　320

（4）　（□＋○）×△＝□×△＋○×△
を使います。

34×26＋34×74＝34×（26＋74）

$=34\times100$
$=3400$

（答え）　3400

2

（1）　1こ380円のケーキ5このねだんは380×5，120円の箱（はこ）のねだんは120なので，代金（だいきん）は，380×5＋120です。

（答え）　㋐

（2）　1こ380円のケーキ1このねだんは380，1本120円のジュース5本のねだんは120×5なので，代金は，380＋120×5です。

（答え）　㋑

（3）　1こ380円のケーキ1こと，1本120円のジュースを組（くみ）にすると，1組のねだんは380＋120なので，5組の代金は，（380＋120）×5です。

（答え）　㋓

3

（1）　6×6－2×2は，たてに6こ，横（よこ）に6こならんだ石●の数（かず）から，たてに2こ，横に2こならんだ石の数をひいたものと考（かんが）えられるので，㋒の考え方（かた）で求（もと）めた式（しき）です。

（答え）　㋒

（2）　4×2×4は，「たてに4こ，横に2こならんだ石●の数」の4つ分を表しているので，㋐の考え方で求めた式です。

（答え）　㋐

4

（1）　12×25×4＝12×（25×4）は，（□×○）×△＝□×（○×△）の式の□に12，○に25，△に4をあてはめた式なので，㋓です。

（答え）　㋓

（2）　（100－1）×34＝100×34－1×34は，（□－○）×△＝□×△－○×△の式の□に100，○に1，△に34をあてはめた式なので，㋕です。

（答え）　㋕

2－8 小数のたし算とひき算

P80，81

解答

1（1）63　（2）0.47
2（1）12.3　（2）0.5
3（1）8.08　（2）0.48
4（1）5.35L　（2）1.65L
5（1）0.89m　（2）1.37m

解説

1

（1）　6.3は6と0.3を合わせた数です。6は0.1を60こ集（あつ）めた数，0.3は0.1を3こ集めた数なので，6.3は0.1を63こ集めた数です。

（答え）　63

（2） 0.1を４こ集めた数は0.4，0.01を７こ集めた数は0.07なので，0.1を４こと，0.01を７こ合わせた数は，0.4+0.07=0.47です。

（答え） 0.47

②

（1）

$$\begin{array}{r} {}^{1} \\ 5.8 \\ +\ 6.5 \\ \hline 12.3 \end{array}$$

（答え） 12.3

（2）

$$\begin{array}{r} {}^{7} \\ \not{8}.4 \\ -\ 7.9 \\ \hline 0.5 \end{array}$$

（答え） 0.5

③

（1）

$$\begin{array}{r} {}^{1} \\ 2.60 \\ +\ 5.48 \\ \hline 8.08 \end{array}$$

（答え） 8.08

（2）

$$\begin{array}{r} {}^{4}\ {}^{9} \\ \not{5}.\not{0}0 \\ -\ 4.52 \\ \hline 0.48 \end{array}$$

（答え） 0.48

④

（1） 3.5+1.85=5.35

$$\begin{array}{r} {}^{1} \\ 3.50 \\ +\ 1.85 \\ \hline 5.35 \end{array}$$

（答え） 5.35L

（2） 3.5−1.85=1.65

$$\begin{array}{r} {}^{2}\ {}^{4} \\ \not{3}.\not{5}\not{0} \\ -\ 1.85 \\ \hline 1.65 \end{array}$$

（答え） 1.65L

⑤

（1） 3.76−2.87=0.89

$$\begin{array}{r} {}^{2}\ {}^{6} \\ \not{3}.\not{7}6 \\ -\ 2.87 \\ \hline 0.89 \end{array}$$

（答え） 0.89m

（2） りくさんと弟が使ったはり金の長さは，

3.76+2.87=6.63

です。

$$\begin{array}{r} {}^{1}\ {}^{1} \\ 3.7 \\ +\ 2.8 \\ \hline 6.6 \end{array}$$

残ったはり金の長さは，

8−6.63=1.37

$$\begin{array}{r} {}^{7}\ {}^{9} \\ \not{8}.\not{0} \\ -\ 6.6 \\ \hline 1.3 \end{array}$$

［別のとき方］

全体の長さから，りくさんが使った長さと弟が使った長さをひきます

8−3.76−2.87=1.37

（答え） 1.37m

2-9 小数のかけ算とわり算

P84，8

解答

①（1）243.2　（2）159.84

②（1）3.45　（2）４あまり0.6

（3）2.7

③（1）900m

（2）９本できて1.5mあまる

④（1）84kg　（2）0.4倍

解説

①

（1）

$$\begin{array}{r} {}^{3} \\ 6.4 \\ \times\ 38 \\ \hline 512 \\ 192 \\ \hline 243.2 \end{array}$$

（答え） 243.2

（2）

$$\begin{array}{r} {}^{3}\ {}^{2} \\ 2.96 \\ \times\ 54 \\ \hline 1184 \\ 1480 \\ \hline 159.84 \end{array}$$

（答え） 159.84

2

（1）

$$\begin{array}{r} 3.45 \\ 16\overline{)55.2} \\ 48 \\ \hline 72 \\ 64 \\ \hline 80 \\ 80 \\ \hline 0 \end{array}$$

0をつけたして，わり算を続ける

（答え）　3.45

（2）　あまりの小数点は，わられる数の小数点にそろえて打ちます。

$$\begin{array}{r} 4 \\ 23\overline{)92.6} \\ 92 \\ \hline 0.6 \end{array}$$

（答え）　4あまり0.6

（3）　上から3けたまで計算し，上から3けためを四捨五入します。

$$\begin{array}{r} 2.66 \to 2.7 \\ 15\overline{)39.9} \\ 30 \\ \hline 99 \\ 90 \\ \hline 90 \\ 90 \\ \hline 0 \end{array}$$

（答え）　2.7

3

（1）37.5×24＝900

$$\begin{array}{r} 37.5 \\ \times24 \\ \hline 1500 \\ 750 \\ \hline 900.0 \end{array}$$

（答え）　900m

（2）　本数を答えるので，商は一の位まで求めてあまりも出します。

37.5÷4＝9あまり1.5

$$\begin{array}{r} 9. \\ 4\overline{)37.5} \\ 36 \\ \hline 1.5 \end{array}$$

（答え）　9本できて1.5mあまる

4

（1）　お父さんの体重は，弟の体重の5倍なので，

16.8×5＝84

$$\begin{array}{r} 16.8 \\ \times5 \\ \hline 84.0 \end{array}$$

（答え）　84kg

（2）　ゆうきさんの体重を，弟の体重でわります。

33.6÷84＝0.4

$$\begin{array}{r} 0.4 \\ 84\overline{)33.6} \\ 336 \\ \hline 0 \end{array}$$

（答え）　0.4倍

2－10　面積

P88，89

解答

1（1）64cm²　（2）60cm²

2（1）26cm²　（2）104cm²

3（1）40000　（2）8

4（1）375m²　（2）345m²

5 16cm

解説

1

（1）　正方形の面積＝1辺×1辺なので，

8×8＝64

（答え）　64cm²

（2） 長方形の面積＝たて×横なので，

6×10＝60

（答え） 60cm²

❷

（1） 左の長方形と右の長方形に分けて求めます。

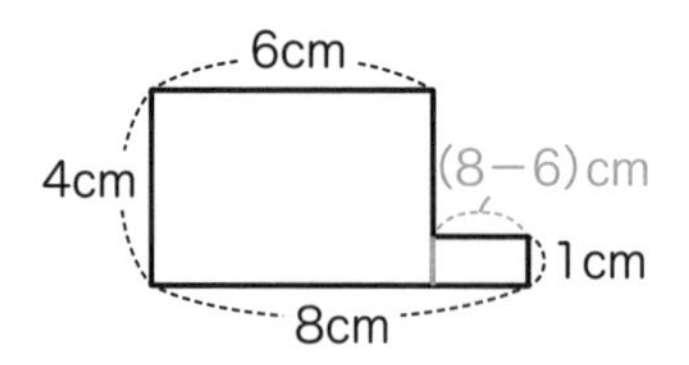

$4 \times 6 + 1 \times (8-6) = 26$

［別のとき方1］

上の長方形と下の長方形に分けて求めます。

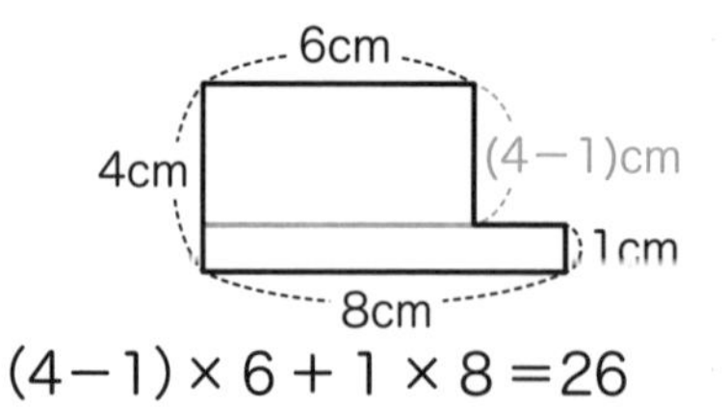

$(4-1) \times 6 + 1 \times 8 = 26$

［別のとき方2］

大きな長方形の面積から長方形の面積をひいて求めます。

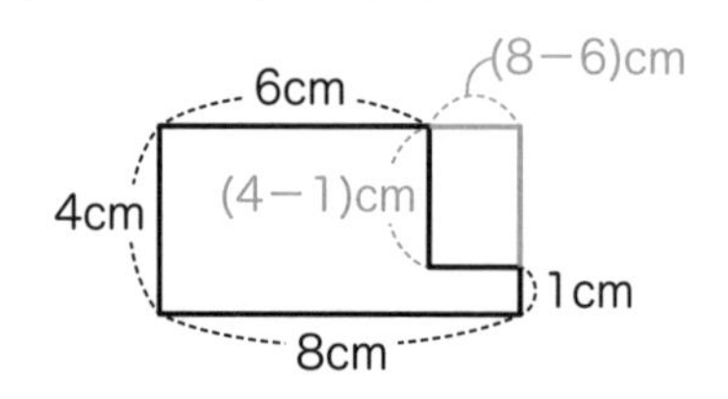

$4 \times 8 - (4-1) \times (8-6) = 26$

（答え） 26cm²

（2） 長方形の面積から正方形の面積をひいて求めます。

$10 \times 12 - 4 \times 4 = 120 - 16 = 10$

（答え） 104cm²

❸

（1） 1haは1辺が100mの正方形の面積です。1ha＝10000m²なので，4ha＝40000m²です。

（答え） 40000

（2） 1km²は1辺が1kmの正方形の面積です。1000000m²＝1km²なので8000000m²＝8km²です。

（答え） 8

❹

（1） 15×25＝375

（答え） 375m²

（2） 畑全体から，道の面積をひいて求めます。道のはばは2m，長さは15mなので，

$15 \times 25 - 2 \times 15 = 375 - 30$

$= 345$

（答え） 345m²

❺

たての長さを□cmとすると，□×20＝320なので，たての長さは，

320÷20＝16

（答え） 16cm

2－11 分数

P92，93

解答

1 （1）あ，え　（2）い

（3）え

2 （1）$\frac{8}{11}$　（2）$\frac{1}{8}$

（3）$2\frac{4}{9}\left(\frac{22}{9}\right)$　（4）$\frac{3}{5}$

3 （1）$2\frac{2}{11}\left(\frac{24}{11}\right)$kg　（2）$1\frac{8}{11}\left(\frac{19}{11}\right)$kg

4 （1）$2\frac{3}{7}\left(\frac{17}{7}\right)$m　（2）$1\frac{2}{7}\left(\frac{9}{7}\right)$m

解説

1

（1）分子(ぶんし)と分母(ぶんぼ)が等(ひと)しいか，分子が分母より大きい分数は，$\frac{5}{2}$，$\frac{7}{2}$です。

（答え）　あ，え

（2）$\frac{7}{5}$を帯分数(たいぶんすう)になおすと$1\frac{2}{5}$です。

（答え）　い

（3）仮分数(かぶんすう)を帯分数になおすと，あが$\frac{5}{2}=2\frac{1}{2}$，えが$\frac{7}{2}=3\frac{1}{2}$となり，あからかまでで3より大きい分数は$3\frac{1}{2}$だけなので，いちばん大きい分数はえです。

（答え）　え

2

（1）分母はそのままにして，分子どうしを計算します。

$$\frac{5}{11}+\frac{3}{11}=\frac{8}{11}$$

（答え）　$\frac{8}{11}$

（2）1を$\frac{8}{8}$になおして計算(けいさん)します。

$$1-\frac{7}{8}=\frac{8}{8}-\frac{7}{8}=\frac{1}{8}$$

（答え）　$\frac{1}{8}$

（3）$\frac{5}{9}+1\frac{8}{9}=1\frac{13}{9}=2\frac{4}{9}$

［別のとき方］

$$\frac{5}{9}+1\frac{8}{9}=\frac{5}{9}+\frac{17}{9}=\frac{22}{9}=2\frac{4}{9}$$

（答え）　$2\frac{4}{9}\left(\frac{22}{9}\right)$

（4）$\frac{2}{5}$から$\frac{4}{5}$はひけないので，$3\frac{2}{5}$を$2\frac{7}{5}$になおしてから計算します。

$$3\frac{2}{5}-2\frac{4}{5}=2\frac{7}{5}-2\frac{4}{5}=\frac{3}{5}$$

［別のとき方］

$$3\frac{2}{5}-2\frac{4}{5}=\frac{17}{5}-\frac{14}{5}=\frac{3}{5}$$

（答え）　$\frac{3}{5}$

3

（1）$1\frac{4}{11}+\frac{9}{11}=1\frac{13}{11}=2\frac{2}{11}$

（答え）　$2\frac{2}{11}\left(\frac{24}{11}\right)$kg

（2）　$3\frac{1}{11}$を$2\frac{12}{11}$になおしてから計算します。

$$3\frac{1}{11}-1\frac{4}{11}=2\frac{12}{11}-1\frac{4}{11}=1\frac{8}{11}$$

（答え）　$1\frac{8}{11}\left(\frac{19}{11}\right)$kg

4

（1）　$1\frac{4}{7}+\frac{6}{7}=1\frac{10}{7}=2\frac{3}{7}$

（答え）　$2\frac{3}{7}\left(\frac{17}{7}\right)$m

（2）　はじめの長さから，2人が使った長さの合計をひいて求めます。

$$3\frac{5}{7}-2\frac{3}{7}=1\frac{2}{7}$$

[別のとき方]

はじめの長さから，あいこさんとなつみさんがそれぞれ使った長さをひいて求めます。

$$3\frac{5}{7}-1\frac{4}{7}-\frac{6}{7}$$
$$=2\frac{12}{7}-1\frac{4}{7}-\frac{6}{7}=1\frac{2}{7}$$

（答え）　$1\frac{2}{7}\left(\frac{9}{7}\right)$m

2-12 変わり方

P96，97

解答

1（1）11　（2）○−□＝3

2（1）○＋□＝14　（2）5cm

3（1）20　（2）○×4＝□

4（1）㋐　だんの数（だん）

㋑　まわりの長さ（cm）

（2）○×3＝□　（3）9だん

解説

1

（1）　あおさんの年れいが1才ふえると弟の年れいも1才ふえるので，

$10+1=11$

（答え）　11

（2）　あおさんの年れいから弟の年れいをひくと，いつも3になるので，○−□＝3と表すことができます。

（答え）　○−□＝3

2

（1）　火をつけてからの時間とろうそくの長さの和は，いつも14なので，○＋□＝14と表すことができます。

（答え）　○＋□＝14

（2）　○＋□＝14の○に9をあてはめると，9＋□＝14で，□にあてはまる数を求めると，14−9＝5で，□＝5です。

（答え）　5cm

3

（1）　正方形は同じ長さの辺が4つあるので，1辺の長さが5cmのときのまわりの長さは，

$5\times4=20$

（答え）　20

（2）　まわりの長さは，いつも１辺の長さの４倍になっているので，
○×４＝□と表すことができます。

（答え）　○×４＝□

❹

（1）　表(ひょう)の上の行(ぎょう)は，１，２，３，…とふえています。図(ず)の中で，１，２，３，…とふえているのは，だんの数です。図の中で，だんの数が１のとき，下の行の数である３になるのは，まわりの長さです。

表の上の行にはだんの数，表の下の行にはまわりの長さがあてはまります。

（答え）㋐　だんの数（だん）

㋑　まわりの長さ（cm）

（2）　まわりの長さは，いつもだんの数の３倍になっているので，
○×３＝□と表すことができます。

（答え）　○×３＝□

（3）　○×３＝□の□に27をあてはめると，○×３＝27で，○にあてはまる数を求めると，27÷３＝９で，
○＝９です。

（答え）　９だん

2－13 立方体と直方体

P100，101

解答

❶（1）辺(へん)BC，辺EH，辺FG

（2）辺AD，辺AE，辺BC，辺BF

（3）辺AE，辺BF，辺CG，辺DH

❷（1）点I，点K　（2）辺HG

（3）平行(へいこう)　面(めん)㋔

垂直(すいちょく)　面㋑，面㋒，面㋓，面㋕

❸（1）面AEHD　（2）㋒

❹（1）（横(よこ)０，たて４）

（2）

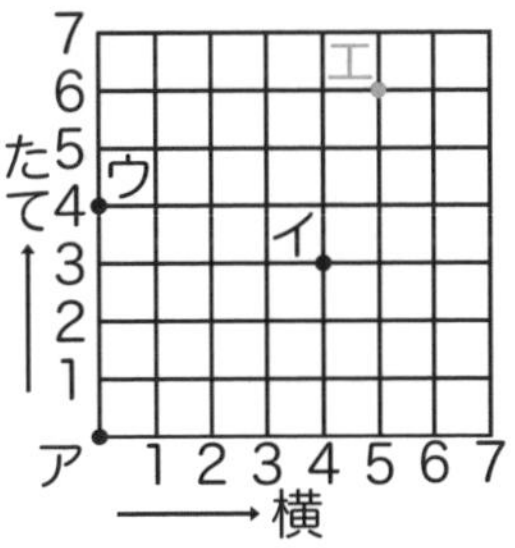

解説

❶

（1）　すべての面は長方形です。直方体(ちょくほうたい)のたがいに向(む)かい合(あ)う辺は平行です。

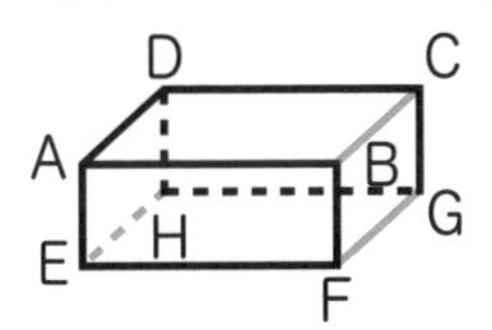

（答え）　辺BC，辺EH，辺FG

（2） 辺ABと垂直な辺は，辺ABと交わる辺AD，辺AE，辺BC，辺BFです。

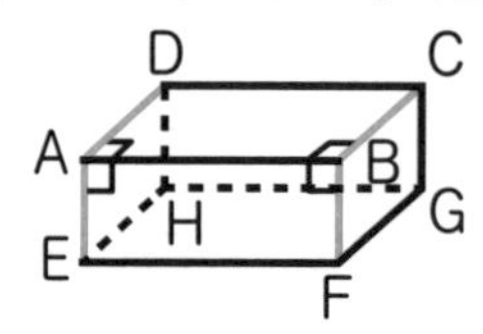

（答え）辺AD，辺AE，辺BC，辺BF

（3） 面EFGHと垂直な辺は，面EFGHと交わる辺AE，辺BF，辺CG，辺DHです。

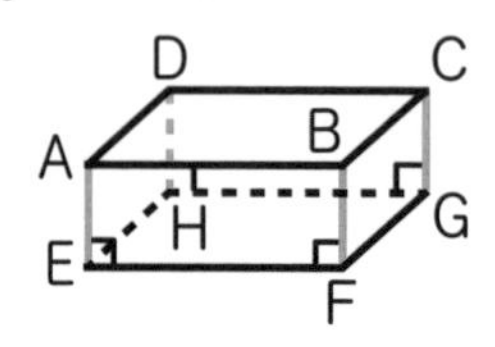

（答え）辺AE，辺BF，辺CG，辺DH

2

この展開図を組み立てると，次の図のようになります。

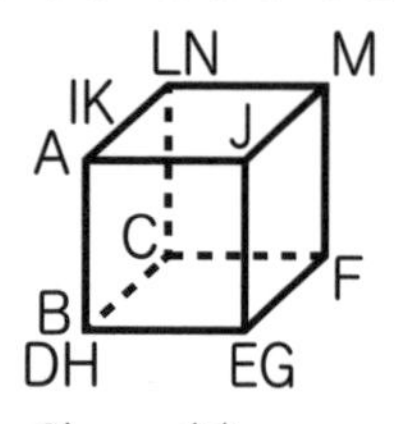

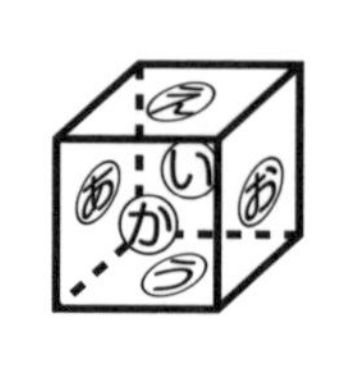

（1） 点Aと重なるのは，点Iと点Kです。

（答え） 点I，点K

（2）点Dは点Hと重なり，点Eは点Gと重なるので，辺DEと重なるのは辺HGです。

（答え） 辺HG

（3） 面(あ)と平行な面は，面(あ)と向かい合う面(お)です。

面(あ)と垂直な面は，面(あ)ととなり合う面で，面(い)，面(う)，面(え)，面(か)です。

（答え）平行 面(お)

垂直 面(い)，面(う)，面(え)，面(か)

3

（1） 直方体の向かい合う面は平行なので，面BFGCに平行な面は面AEHDです。

（答え） 面AEHD

（2） (あ)は，面が1つ足りません。(い)は組み立てると面が重なります。(え)は面がすべて正方形なので，立方体の展開図です。

（答え） (う)

4

（1） 点ウは，点アから横に0，たてに4の位置の点なので，（横0，たて4）と表すことができます。

（答え） （横0，たて4）

（2） 点エは，点アから横に5，たてに6の位置にあります。

（答え）

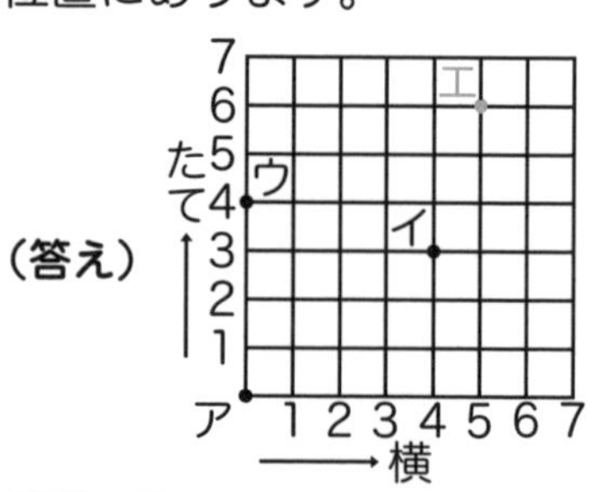

2-14 割合

P104, 105

解答

1 （1）4倍　（2）12倍
（3）3倍

2 （1）36まい　（2）63まい

3 （1）180円　（2）135円

4 （1）ゴムひも㋐　300cm
ゴムひも㋑　150cm
（2）ゴムひも㋐　6倍
ゴムひも㋑　3倍
（3）ゴムひも㋐

解説

1

（1）　24÷6＝4　（答え）　4倍

（2）　72÷6＝12　（答え）　12倍

（3）　72÷24＝3　（答え）　3倍

2

（1）　9×4＝36　（答え）　36まい

（2）　9×7＝63　（答え）　63まい

3

（1）　プリンのねだんを□円とすると，
□×9＝1620
□にあてはまる数を求めると，
□＝1620÷9＝180
（答え）　180円

（2）　ドーナツのねだんを□円とすると，
□×12＝1620
□にあてはまる数を求めると，
1620÷12＝135
（答え）　135円

4

（1）　㋐は，50cmは10cmの5倍なので，のびたあとの長さも5倍になります。
60×5＝300
㋑は，50cmは25cmの2倍なので，のびたあとの長さも2倍になります。
75×2＝150
（答え）ゴムひも㋐　300cm
ゴムひも㋑　150cm

（2）　㋐　60÷10＝6
㋑　75÷25＝3
（答え）ゴムひも㋐　6倍
ゴムひも㋑　3倍

（3）　㋐がもとの長さの6倍，㋑がもとの長さの3倍までのびるので，㋐のほうがよくのびることがわかります。

[別のとき方]
ゴムひもの長さを50cmにそろえると，㋐は300cmまで，㋑は150cmまでのびるので，㋐のほうがよくのびることがわかります。
（答え）　ゴムひも㋐

算数検定特有問題

P108，109

解答

1（1）15こ　　（2）27こ

2（1）512　　（2）6

3 あゆみさん → のぞみさん → ちえさん → けいこさん

解説

1

（1）　黒い石の数は，

白い石を１辺に３こならべるときは，

０こ

白い石を１辺に４こならべるときは，

１こ

白い石を１辺に５こならべるときは，

１＋２＝３で，３こ

白い石を１辺に６こならべるときは，

１＋２＋３＝６で，６こ

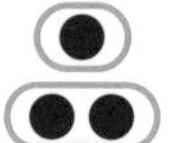

……

と考えることができるので，白い石を１辺に８こならべるときは，

１＋２＋３＋４＋５＝15で，

15こです。

（答え）　15こ

（2）　白い石を，次のように分けて考え
ます。

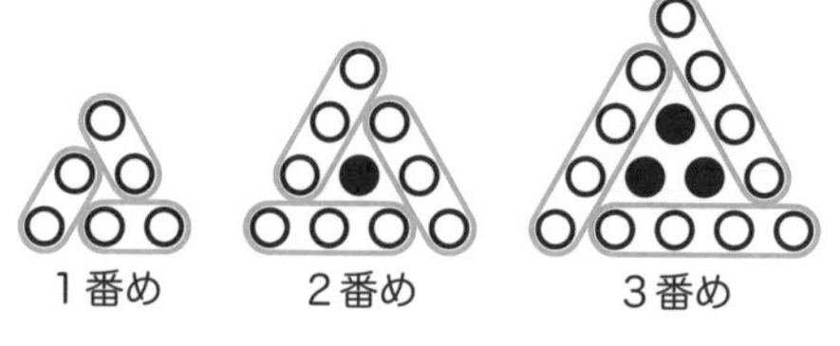

１番め　２番め　３番め

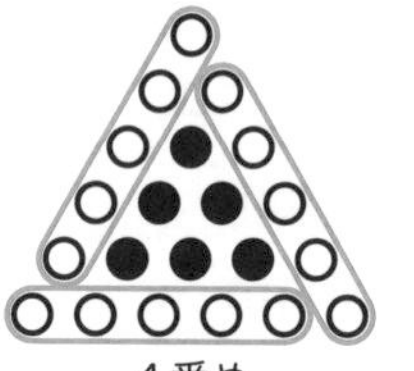

４番め

…

白い石の数は，

１番めの形では，

(1＋1)×３＝６で，６こ

２番めの形では，

(2＋1)×３＝９で，９こ

３番めの形では，

(3＋1)×３＝12で，12こ

……

と考えることができるので，８番め
の形の白い石の数は，

(8＋1)×３＝27で，27こです。

［別のとき方］

白い石は３こずつふえていきます。
８番めの白い石の数は，４番めの白
い石の数より３＋３＋３＋３＝12で
12こ多いので，15＋12＝27で，27
こです。

（答え）　27こ

2

（1）　8♪3は，8を3回かけた数を表すので，8♪3＝8×8×8＝512です。

（答え）　512

（2）　2♪□＝64は，2を□回かけた数が64と表しています。64が，2を何回かけた数か考えます。

64÷2＝32
→32÷2＝16
→16÷2＝8
→8÷2＝4
→4÷2＝2
→2÷2＝1

のように，64は2で6回わると1になるので，
64＝2×2×2×2×2×2です。

2を6回かけると64になることから，2♪6＝64と表せるので，□にあてはまる数は6です。

（答え）　6

3

あゆみさん，けいこさんの話したことから，あゆみさん，けいこさん，ちえさんの3人のゴールした順番は，

㋐ちえ → あゆみ → けいこ
または，
㋑あゆみ → ちえ → けいこ
のどちらかであることがわかります。

㋐の場合

ちえさんの話したことから，ちえさんはのぞみさんよりあとにゴールしたことがわかるので，4人のゴールした順番は，

のぞみ → ちえ → あゆみ → けいこ
と考えることができます。

のぞみさんの話したことから，のぞみさんはあゆみさんよりあとにゴールしたことがわかるので，この順番は正しくないことがわかります。

㋑の場合

ちえさんの話したことから，ちえさんはのぞみさんよりあとにゴールしたことがわかるので，

① のぞみ → あゆみ → ちえ→ けいこ
または，
② あゆみ → のぞみ → ちえ→ けいこ
のどちらかと考えることができます。

のぞみさんの話したことから，のぞみさんはあゆみさんよりあとにゴールしたことがわかるので，①は正しくなく，②の

あゆみ → のぞみ → ちえ→ けいこ
が正しいことがわかります。

（答え）あゆみさん → のぞみさん → ちえさん → けいこさん

算数パーク

P32，33

ラインリンク

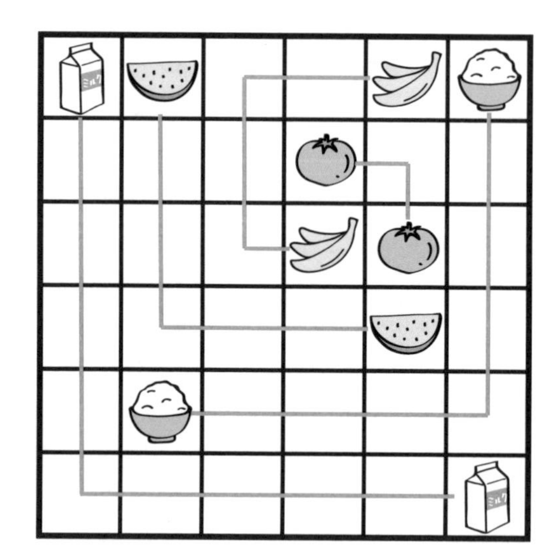

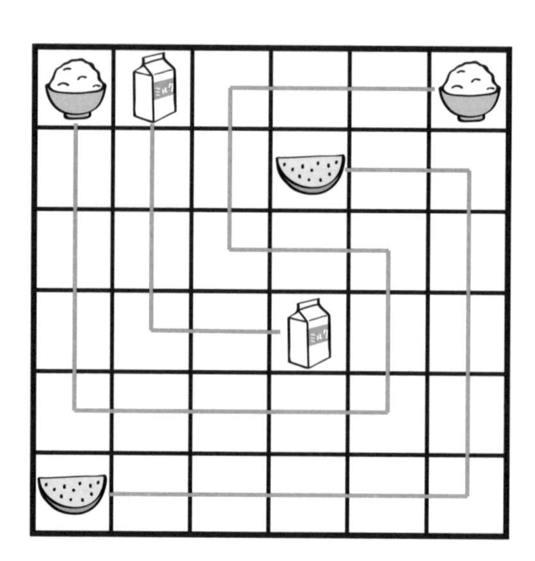

算数パーク

P46，47

ふしぎな箱（はこ）

問題1

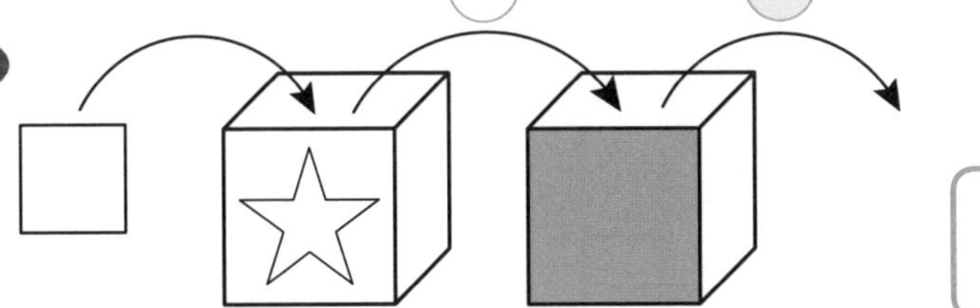

（答え）　あ

問題2

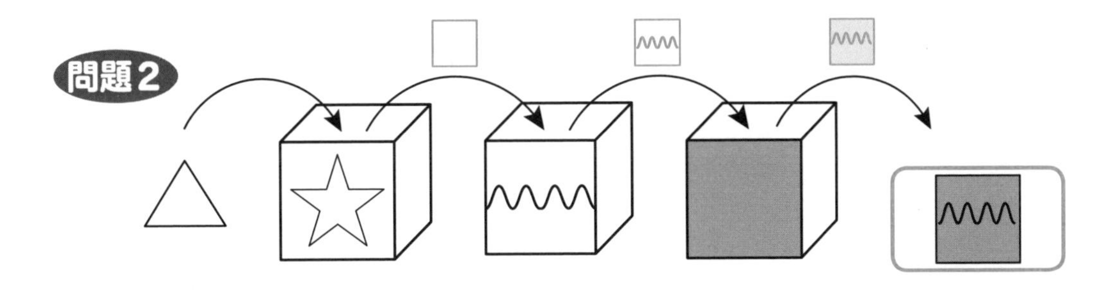

（答え）　か

算数パーク

P72，73

あみだくじ

問題1

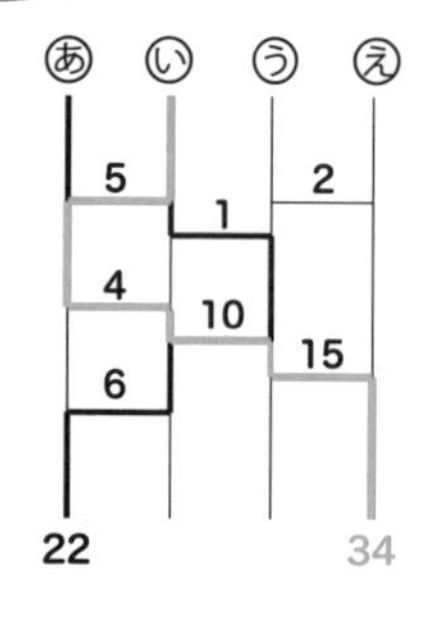

5＋4＋10＋15＝34

問題2

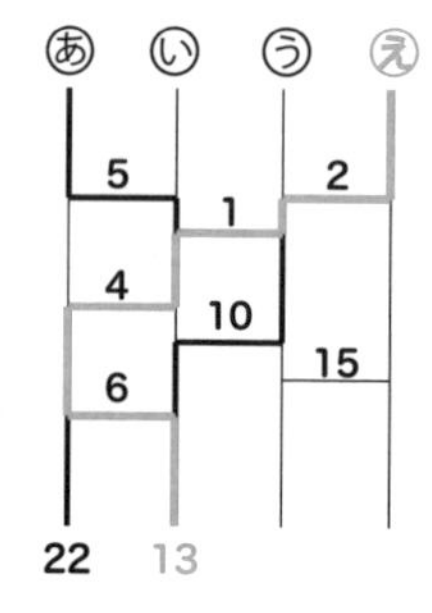

う 2＋15＝17

え 2＋1＋4＋6＝13

星と三角形

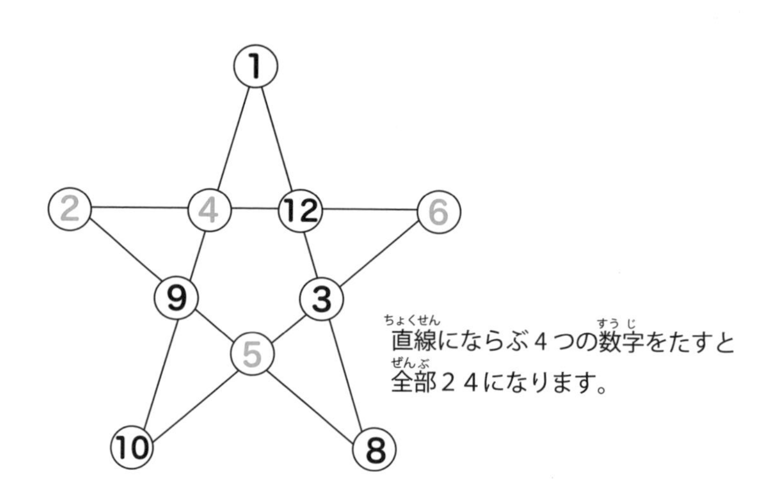

直線にならぶ４つの数字をたすと
全部２４になります。

算数パーク

P106，107

面積(めんせき)分(わ)けパズル

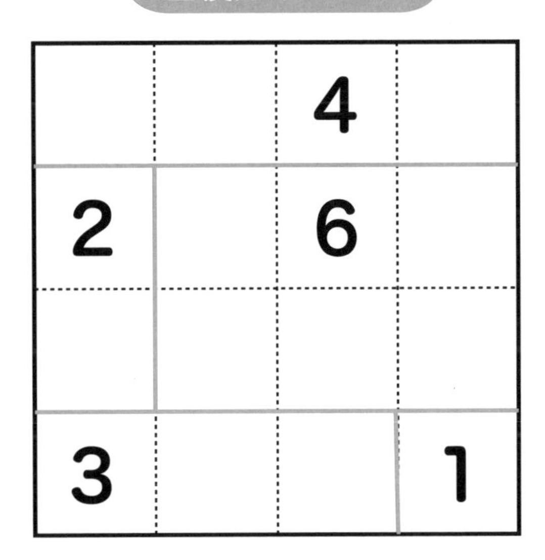

ビリヤード

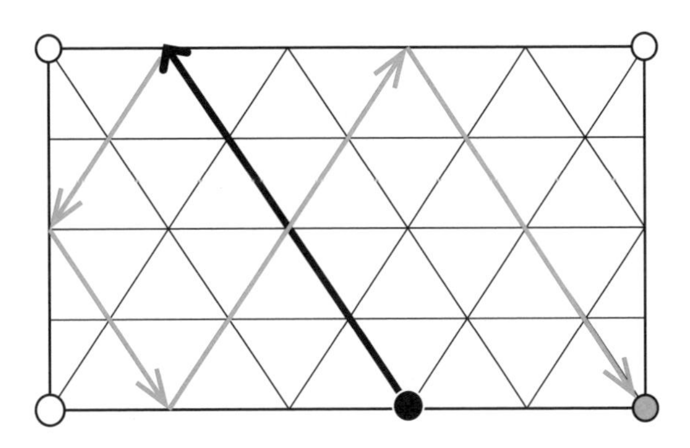

◉執筆協力：功刀 純子
◉DTP：株式会社 明昌堂
◉カバーデザイン：浦郷 和美
◉イラスト：坂木 浩子

◉編集担当：吉野 薫・加藤 龍平・阿部 加奈子

親子ではじめよう 算数検定8級

2024年5月3日 初版発行

編　者　**公益財団法人 日本数学検定協会**
発行者　**髙田 忍**
発行所　**公益財団法人 日本数学検定協会**
〒110-0005 東京都台東区上野五丁目1番1号
FAX 03-5812-8346
https://www.su-gaku.net/
発売所　**丸善出版株式会社**
〒101-0051 東京都千代田区神田神保町二丁目17番
TEL 03-3512-3256 FAX 03-3512-3270
https://www.maruzen-publishing.co.jp/
印刷・製本　**株式会社ムレコミュニケーションズ**

ISBN978-4-86765-011-0　C0041

算数検定

別冊

本体から取りはずすこともできます。

8級

ミニドリル

第1回

● 次(つぎ)の計算(けいさん)をしましょう。

（1） 294＋435

（2） 5947－3475

（3） 18×8

（4） 27×65

20分（ぶん）で
できるかな？

（5）　35÷7

（6）　42÷2

（7）　638÷29

（8）　34＋31×4

(9)　$3.12+0.61$

(10)　$6.27-4.83$

(11)　$\frac{7}{9}+\frac{4}{9}$

(12)　$1\frac{1}{15}-\frac{8}{15}$

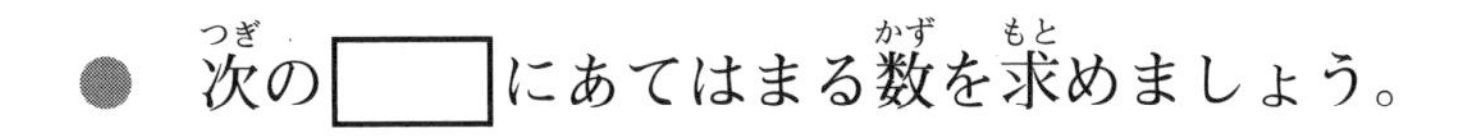

● 次の□にあてはまる数を求めましょう。

(13)　63000は，1000を□こ集めた数です。

(14)　7t＝□kg

(15)　0.1を5こと0.01を4こ合わせた数は□です。

第2回

● 次(つぎ)の計算(けいさん)をしましょう。

（1） 313＋519

（2） 8190－6933

（3） 23×7

（4） 159×42

後ろの解答用紙に
答えを書いてみよう！

（5）　$32 \div 4$

（6）　$66 \div 6$

（7）　$504 \div 14$

（8）　$84 \div (6+6)$

(9)　$1.72+5.64$

(10)　$9.58-3.7$

(11)　$\frac{6}{11}+\frac{9}{11}$

(12)　$1\frac{1}{7}-\frac{3}{7}$

● 次の□にあてはまる数を求めましょう。

(13)　10000を4こと1000を7こ合わせた数は□です。

(14)　2分40秒＝□秒

(15)　0.1を2こと0.01を8こ合わせた数は□です。

第3回

● 次(つぎ)の計算(けいさん)をしましょう。

（1）　647＋170

（2）　7101－2738

（3）　46×6

（4）　94×34

全部とけたら，
あせらず
見直ししよう。

（5）　$72 \div 8$

（6）　$96 \div 3$

（7）　$273 \div 91$

（8）　$25 \times (12 - 4)$

(9) $6.99+4.75$

(10) $5.48-1.7$

(11) $\frac{4}{5}+\frac{4}{5}$

(12) $1\frac{3}{11}-\frac{8}{11}$

● 次の□にあてはまる数を求めましょう。

(13)　10000を9こと1000を2こ合わせた数は□です。

(14)　8200g＝□kg□g

(15)　0.1を1こと0.01を6こ合わせた数は□です。

第4回

● 次(つぎ)の計算(けいさん)をしましょう。

(1)　663＋251

(2)　4000－1391

(3)　72×5

(4)　578×83

これで最後（さいご）！
がんばったね！

（5） $24 \div 3$

（6） $88 \div 4$

（7） $918 \div 27$

（8） $156 - 48 \div 6$

(9)　$7.34+2.98$

(10)　$6-4.32$

(11)　$\frac{3}{13}+\frac{11}{13}$

(12)　$1\frac{4}{9}-\frac{8}{9}$

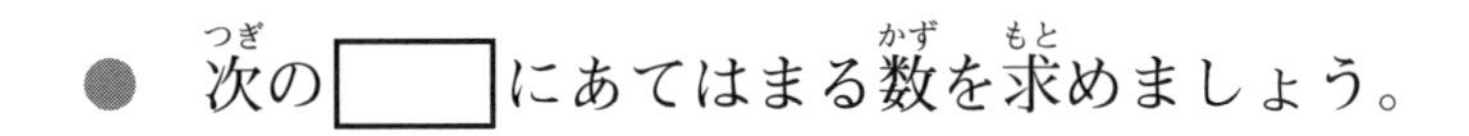

● 次の□にあてはまる数を求めましょう。

(13)　230000は，10000を□こ集めた数です。

(14)　3km50m＝□m

(15)　0.1を7こと0.01を9こ合わせた数は□です。

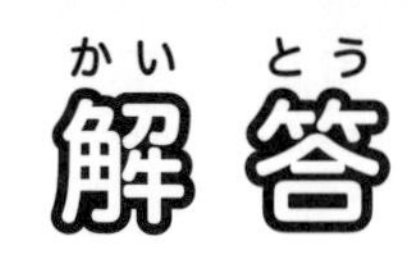

第1回

(1) 729
(2) 2472
(3) 144
(4) 1755
(5) 5
(6) 21
(7) 22
(8) 158
(9) 3.73
(10) 1.44
(11) $1\frac{2}{9}\left(\frac{11}{9}\right)$
(12) $\frac{8}{15}$
(13) 63(こ)
(14) 7000(kg)
(15) 0.54

第2回

(1) 832
(2) 1257
(3) 161
(4) 6678
(5) 8
(6) 11
(7) 36
(8) 7
(9) 7.36
(10) 5.88
(11) $1\frac{4}{11}\left(\frac{15}{11}\right)$
(12) $\frac{5}{7}$
(13) 47000
(14) 160(秒)
(15) 0.28

第3回

(1) 817
(2) 4363
(3) 276
(4) 3196
(5) 9
(6) 32
(7) 3
(8) 200
(9) 11.74
(10) 3.78
(11) $1\frac{3}{5}\left(\frac{8}{5}\right)$
(12) $\frac{6}{11}$
(13) 92000
(14) 8(kg) 200(g)
(15) 0.16

第4回

(1) 914
(2) 2609
(3) 360
(4) 47974
(5) 8
(6) 22
(7) 34
(8) 148
(9) 10.32
(10) 1.68
(11) $1\frac{1}{13}\left(\frac{14}{13}\right)$
(12) $\frac{5}{9}$
(13) 23(こ)
(14) 3050(m)
(15) 0.79

第1回 解答用紙

(1)		(9)	
(2)		(10)	
(3)		(11)	
(4)		(12)	
(5)		(13)	(こ)
(6)		(14)	(kg)
(7)		(15)	
(8)			

キリトリ線

解答用紙（かいとうようし）

(1)		(9)	
(2)		(10)	
(3)		(11)	
(4)		(12)	
(5)		(13)	
(6)		(14)	(秒)
(7)		(15)	
(8)			

解答用紙

(1)		(9)	
(2)		(10)	
(3)		(11)	
(4)		(12)	
(5)		(13)	
(6)		(14)	(kg)　(g)
(7)		(15)	
(8)			

キリトリ線

解答用紙

（かいとうようし）

(1)		(9)	
(2)		(10)	
(3)		(11)	
(4)		(12)	
(5)		(13)	(こ)
(6)		(14)	(m)
(7)		(15)	
(8)			

算数検定